普通高等教育
人工智能专业系列教材

U0193581

MODELING, SIMULATION AND APPLICATION OF
MULTI-AGENT SYSTEM

多智能体系统

建模、仿真及应用

赵春晓　魏楚元　著

中国水利水电出版社
www.waterpub.com.cn
·北京·

内 容 提 要

目前多智能体技术已经成为一种进行复杂系统分析与模拟的思想方法与工具。MAS 等相关技术已应用于交通控制、智能机器人、车联网、物联网、智能电网、柔性制造、无人机控制、虚拟现实、分布式预测、监控及诊断、电子商务、健康、娱乐等领域。

本书第 1 章介绍了多智能体系统的基础知识、多智能体建模基础、基于代理的模型编程的基本逻辑；第 2 章讨论了反应智能体，建立了扫地机器人反应行为模型和城市森林公园火灾扑救反应行为模型；第 3 章介绍了一致性问题并建立了基于人工势场法的机器人避障模型、无人机追捕逃犯模型；第 4 章介绍了蚁群自组织与共识自主性、蚁群觅食问题，建立了月球岩石搜索机器人路径规划模型；第 5 章介绍了 PSO 算法及车辆加速度参数优化问题和建筑物人员疏散问题；第 6 章介绍了遗传与进化智能体及餐厨垃圾收运路线优化模型；第 7 章介绍了认知智能体概念、基于目标的城市智能交通模型和基于效用的高速公路交通模型；第 8 章介绍了强化学习智能体、SARSA 学习路径规划机器人和 Q 学习跨越障碍机器人；第 9 章介绍了多智能体网络与通信、基于广播通信的机器人聚集、探测器和排雷机器人的点到点通信；第 10 章介绍了多智能体协调、合作和协商，机器人合作铺路问题，机器人的组行为和协调以及无人驾驶出租车协商运输 BDI 模型。

本书可以作为各高校人工智能、智能制造、机器人工程、地理信息工程、城市管理等相关专业多智能体系统课程的教材，也可以作为研究生学习多智能体系统课程的教材。

本书提供案例源代码和电子课件，读者可以从中国水利水电出版社网站（www.waterpub.com.cn）或万水书苑网站（www.wsbookshow.com）免费下载。

图书在版编目（CIP）数据

多智能体系统建模、仿真及应用 / 赵春晓，魏楚元著. -- 北京：中国水利水电出版社，2021.9（2024.1 重印）
普通高等教育人工智能专业系列教材
ISBN 978-7-5170-9943-7

Ⅰ．①多… Ⅱ．①赵… ②魏… Ⅲ．①人工智能－应用－系统建模－高等学校－教材②人工智能－应用－系统仿真－高等学校－教材 Ⅳ．①N945.12②TP391.9

中国版本图书馆 CIP 数据核字 (2021) 第 187830 号

策划编辑：石永峰　　责任编辑：魏渊源　　加工编辑：吕　慧　　封面设计：梁　燕

书　　名	普通高等教育人工智能专业系列教材 **多智能体系统建模、仿真及应用** DUOZHINENGTI XITONG JIANMO, FANGZHEN JI YINGYONG
作　　者	赵春晓　魏楚元　著
出版发行	中国水利水电出版社 （北京市海淀区玉渊潭南路 1 号 D 座　100038） 网址：www.waterpub.com.cn E-mail：mchannel@263.net（答疑） 　　　　sales@mwr.gov.cn 电话：(010) 68545888（营销中心）、82562819（组稿）
经　　售	北京科水图书销售有限公司 电话：(010) 68545874、63202643 全国各地新华书店和相关出版物销售网点
排　　版	北京万水电子信息有限公司
印　　刷	三河市德贤弘印务有限公司
规　　格	210mm×285mm　16 开本　11.75 印张　301 千字
版　　次	2021 年 9 月第 1 版　2024 年 1 月第 2 次印刷
印　　数	2001—4000 册
定　　价	42.00 元

前　言

　　分布式人工智能（Distributed Artificial Intelligence，DAI）主要研究在逻辑上或物理上分散的智能系统如何并行地、相互协作地实现问题求解。多智能体系统（Multi-Agent System，MAS）是 DAI 的一个重要分支，是人工智能的最新发展方向，是人工智能技术的一次质的飞跃。如果说模拟人是单智能体的目标，那么模拟人类社会则是多智能体系统的最终目标。

　　智能体和多智能体技术起源于分布式人工智能研究。自 20 世纪 80 年代末以来，该方向成为人工智能领域热门的研究分支，与数学、控制、经济学、社会学等多个领域相互借鉴和融合，逐渐成为国际上备受重视的研究领域之一。20 世纪 90 年代，由于网络技术的发展，人工智能出现了新的研究高潮，开始由单个智能主体研究转向基于网络环境的分布式人工智能研究，不仅研究基于同一目标的分布式问题，而且研究多个智能主体的多目标问题，并将人工智能推向社会生活的各个应用领域。MAS 等相关技术已应用于交通控制、智能机器人、车联网、物联网、智能电网、柔性制造、无人机控制、虚拟现实、分布式预测、监控及诊断、电子商务、健康、娱乐等领域。目前，多智能体技术已经成为一种进行复杂系统分析与模拟的思想方法与工具。未来要实现通用人工智能，多智能体系统是必须突破的研究方向。目前主要研究的内容涉及多智能体及环境建模、反应智能、一致性问题、群体智能、认知智能、学习、通信、合作、协商与谈判等。

　　本书基于 NetLogo 平台进行复杂系统的建模和仿真。NetLogo 是一种基于现代教育教学思想的新型系统建模软件。NetLogo 于 1999 年由美国的西北大学的 Uri Wilensky 等开发，此后由关联学习中心不断对其进行完善和发展。NetLogo 将智能体作为辅助性工具来辅助其他课程的教学，或作为一种研究工具来培养学生的人工智能实践能力，传播智能体技术知识。该平台通过先进的 2D/3D 虚拟技术对智能体应用的各个环节（如场景的建立、智能体的构建以及运行仿真）进行高度的 2D/3D 虚拟模拟。通过场景模拟，智能体搭建运行及可视化编程能够为构建多智能体技术学习环境提供一个充满乐趣的、有效的教学及科技创新应用平台。通过基于 NetLogo 平台的虚拟仿真，多智能建模研究智能个体如何通过简单的规则形成集体行为，智能个体如何在自然和社会结构中交互，以及信息如何在智能个体之间传播，可以为许多自然和社会现象建立模型。本书获国家自然科学重点项目基金（No.62031003）资助。

　　由于时间仓促，书中难免存在不妥之处，恳请读者批评指正，并提出宝贵意见。

作　者

2021 年 4 月

目　录

第1章　多智能体系统概述

本章导读

本章首先介绍了多智能体相关知识，在介绍了自然智能与人工智能及其相互关系的基础上，讨论了多智能体系统的定义与特点、多智能体系统的形式化描述、多智能体系统的应用及研究的主要内容，最后介绍了 NetLogo 多智能体系统仿真建模工具。

本章关键词

自然智能；人工智能；多智能体系统；MAS；NetLogo

1.1　自然智能和人工智能

1.1.1　自然智能

自然分为广义自然和狭义自然。广义自然指整个存在的世界，它既包括自然科学所研究的无机界和有机界，也包括社会科学所研究的人类社会。人和人的意识是自然发展的最高产物。狭义的自然又称大自然，是指自然科学所研究的无机界和有机界，不包括人类社会。

依赖于表现智能的智能体不同，可以简单地把智能分为人工智能和自然智能（非人工智能）。现实中最普遍存在的就是大自然创造的各种智能体，也就是各种动物以及我们人类自己。自然智能特指大自然创造的智能现象。人工智能是由机器、设备或软件等人造对象所表现出的智能。

自然智能包括以下类别：

（1）生物个体智能：由有机的生命形态个体所表现出的智能。

（2）人类个体智能：由人类个体所表现出的智能。

（3）群体智能：由众多智能个体的集合所表现出的智能。

（4）系统智能：由多种有机或无机元素组成的复杂系统所表现出的智能。

1. 生物个体智能

生物体都能适应一定的环境，也能影响环境。什么是生物智能？答案虽然多样，但到目前为止都没有一个被广泛接受的统一理论。

定义 1.1　生物智能（Biological Intelligence，BI）就是指各种生物个体所表现出来的，能够自主地对环境做出适应的反应行为。

2. 人类个体智能

人类智能（Human Intelligence）是人类个体所表现出的智能。人类智能是生物智能的最高表现。它具有更加复杂的特征，一直以来也有着更加复杂的研究方法。

什么是人类智能？心理学给出了智能术语。

定义 1.2 从感觉到记忆到思维的这一过程，称为"智慧"。智慧的结果就产生了行为和语言，将行为和语言的表达过程称为"能力"，两者合称"智能"。

将感觉、记忆、回忆、思维、语言、行为的整个过程称为智能过程，它是智力和能力的表现。感觉、记忆、思维是其内部智力，行为和语言是其外部表现的能力。它们分别又可以用"智商"和"能商"来描述其在个体中发挥智能的程度。"情商"可以调整智商和能商的正确发挥，或控制二者恰到好处地发挥它们的作用。

3. 群体智能

生物圈包括地球上的所有生物及其无机环境。种群是指在一定空间和时间内的同种生物个体的总和。种群的特征包括种群密度、年龄组成、性别比例、出生率和死亡率。生物群落是指生活在一定的自然区域内，相互之间具有直接或间接关系的各种生物种群的总和。

群体智能是由众多智能个体的集合所表现出的智能。

定义 1.3 群体智能（Swarm Intelligence，SI）是指在集体层面表现的分散的、去中心化的自组织行为。

比如蚁群、蜂群构成的复杂类社会系统，鸟群、鱼群为适应空气或海水而构成的群体迁移，以及微生物、植物在适应生存环境时所表现的集体智能。蚂蚁、蜜蜂、白蚁和黄蜂等昆虫已在地球上生活了数百万年，它们会筑巢、组织生产和觅食。众所周知，它们关心秩序和清洁，有一个简单的通信机制和警报系统，维持军队和分工。此外，它们非常灵活，能够很好地适应不断变化的环境。

这种灵活性使群体变得强大。这类系统通常由一群简单的个体组成，这些个体在局部相互作用，并与环境相互作用，从而导致全局行为的涌现。Steels（1991）将"涌现功能"描述为一种功能，它不是通过组件或组件的层次系统直接实现的，而是通过更原始的组件之间以及与世界的交互作用来间接实现的。Mataric（1993）对群体智能的涌现行为定义如下：

定义 1.4 涌现行为在全局状态中是显而易见的，它们没有明确地被编入程序，但它是个人之间局部互动的结果。根据观察者建立的一些指标，它被认为是有趣的。

4. 系统智能

群体智能可以视为系统智能（System Intelligence，SI）的一个特殊情况。系统智能可以视为所有智能的根本模式，我们将从系统智能中揭示智能的真正来源。

系统（System）泛指由一群有关联的个体组成，根据某种规则运作，能完成个别元件不能单独完成的工作的群体。所有智能的表现都依赖于某个系统才能实现。

系统智能是由多种有机或无机元素组成的复杂系统所表现出的智能。

定义 1.5 如果一个系统能够独立而有效地解决某种问题，那么这个系统就是智能的。

诸如自然界的石、木、山、水等生态系统，乃至一个星球，它们都可以在遵循自然规律的条件下，感应外界信息，交换物质能量，有序耗散运行。因此，物理实体系统也可以定义为一种原始智能系统。

1.1.2 人工智能

1. 人工智能的定义

人工智能（Artificial Intelligence，AI）亦称"机器智能"，与人和其他动物表现出的"自然智能"相反，是指由人工制造出来的系统所表现出来的智能。通常人工智能是指通过普通计算机实现的智能。

历史上，人工智能的定义历经多次转变，一些肤浅的、未能揭示内在的规律的定义很早就被研究者抛弃，直到今天，被广泛接受的定义仍有很多种，但具体使用哪一种定义，通常取决于人们讨论问题的语境和关注的焦点。维基百科有关人工智能的定义为，人工智能是有关"智能智能体（Intelligent Agent）的研究与设计"的学问，而"智能体是指一个可以感知周围环境并做出行动以最大可能性达到某个目标的系统"。用通俗的话来说，就是让机器像人一样认识环境并采取行动。本书采取了 AI 就是智能体这种观点来定义的。

定义 1.6 AI 就是能够感知周围环境，同时根据环境的变化做出合理判断和行动，从而实现某些目标的智能体。

人工智能的定义包含三个部分：环境感知、判断行动和实现目标。这个定义既强调人工智能可以根据环境感知做出主动反应，又强调人工智能所做出的反应必须达到目标，同时，不再强调人工智能对人类思维方式，或人类总结的思维法则（逻辑学规律）的模仿。

2. 人工智能的发展阶段

人工智能的发展有三个阶段，分别是计算智能、感知智能和认知智能。现在的智能体已经发展到第二个阶段，但距离实现认知智能还比较远。

（1）计算智能。人工智能首先是计算行为，即涉及数据、算力和算法。运算智能即快速计算和记忆存储能力，旨在协助存储和快速处理海量数据，是感知和认知的基础，以科学运算、逻辑处理、统计查询等形式化、规则化运算为核心。在此方面，计算机早已超过人类，但如几何证明、数学符号证明一类的复杂逻辑推理，仍需要人类的辅助。

1996 年，IBM 的深蓝计算机战胜了当时的国际象棋冠军卡斯帕罗夫，体现的就是计算机在计算智能方面的优势。

计算智能使得机器能够像人类一样进行计算，诸如神经网络和遗传算法的出现，使得机器能够更高效、快速处理海量的数据，即"能存会算"。计算智能是以生物进化的观点认识和模拟智能。按照这一观点，智能是在生物的遗传、变异、生长以及外部环境的自然选择中产生的。在用进废退、优胜劣汰的过程中，适应度高的（头脑）结构被保存下来，智能水平也随之提高。因此，计算智能就是基于结构演化的智能。

（2）感知智能。感知智能涉及机器的视觉、听觉、触觉等感知能力，即机器可以通过各种类型的传感器对周围的环境信息进行捕捉和分析，并在处理后根据要求做出合理的应答与反应。

感知智能，让机器能听懂人类的语言、看懂世界万物。目前火热的视觉识别、语音识别等技术正是感知智能，它们能够替代人类的眼睛、耳朵等感官发挥作用。人和动物都能够通过各种智能感知能力与自然界进行交互。自动驾驶汽车，就是通过激光雷达等感知设备和人工智能算法，实现这样的感知智能的。

机器在感知世界方面，比人类还有优势。人类都是被动感知的，但是机器可以主动感知，如激光雷达、微波雷达和红外雷达。感知智能旨在让机器"看"懂与"听"懂，并据此辅助人类高效地完成"看"与"听"的相关工作，以图像理解、语音识别、语言翻译为代表。由于深度学习方法的突破和重大进展，感知智能开始逐步趋于实用水平，目前已接近于人类。

（3）认知智能。在认知智能阶段，机器将能够主动思考、理解并采取行动，实现全面辅助甚至替代人类工作。认知智能是对人类深思熟虑行为的模拟，包括推理、规划、记忆、决策与知识学习等高级智能行为。

认知智能即"能理解、会思考"。人类有了语言，才有概念，才有推理，所以概念、意识、观念等都是人类认知智能的表现。认知智能旨在让机器学会主动思考及行动，以实现全面辅助或替代人类工作，以理解、推理和决策为代表，强调会思考、能决策等。因其综合性更强，更接近于人类智能，所以研究难度更大，进展也比较缓慢。

1.2   多智能体系统

1.2.1   多智能体系统的定义与特点

1. 智能体

智能分为自然智能和人工智能，相应地，智能体就分为自然智能体和人工智能体。一个自然智能体可以是人群中的个人，经济系统中的经营者，生态系统中的植物个体、动物个体等；人工智能体可以是交通流中的智能汽车，计算网络中的计算机、无人机等。

智能体（Agent），顾名思义，就是具有智能的实体。智能体是人工智能的一个基本术语，广义的智能体包括人类、物理世界中的移动机器人和信息世界中的软件机器人。狭义的智能体是一个实际或虚拟的软件或硬件。其利用传感器接收来自环境中的信息，并以主动服务的方式产生动作来做出回应，在分布式系统中持续自主发挥作用。

定义 1.7   任何可以被看作通过传感器感知环境并且通过执行器作用于环境的实体都被称为智能体（Agent）。

Agent 可以看作一个程序或者一个实体，它嵌入在环境中，通过传感器（sensors）感知环境，通过效应器（effectors）自治地作用于环境并满足设计要求。以人类自然智能体为例，人类是通过自身的 5 个感官（传感器）来感知环境的，然后对其进行思考，继而使用身体部位（执行器）去执行操作。类似地，机器智能个体通过传感器（相机、麦克风、红外探测器）来感知环境，然后进行一些计算（思考），继而使用各种各样的电机 / 执行器来执行操作。现实生活中，人们生活的世界充满了各种智能体，如手机、真空清洁器、智能冰箱、恒温器、无人车辆、机器人、飞行器、无人潜水艇、传感器、控制器等。

定义中的"智能体（Agent）"是一个物理的或抽象的实体，它能作用于自身和环境，并能对环境做出反应。这里强调的是其代理能力，即指 Agent 能通过传感器感知其周围环境，并根据自己所具有的知识自动做出反应，通过执行器执行操作。

智能体能够通过感知器输入的感知序列感知外界环境和通过执行器执行动作。智能体包括执行器、感受器以及将感知序列转化为执行动作的智能体函数。这里涉及的概念包括感知信息（Percept）、感知序列（Percept Sequence）、智能体函数（Agent Function）和智能体程序（Agent Program）。

相关定义如下：

定义 1.8　智能体的感知序列是该智能体所接收的所有数据完整的历史。

感知信息是智能体的感知输入，而感知序列则是感知信息的集合。一般而言，智能体在任何给定时刻的行动选择取决于到那个时刻为止智能体的整个感知序列。

定义 1.9　把任意给定感知序列集合到执行动作集合的映射称为智能体函数。

智能体函数是抽象的数学描述。从结构上来说，智能体可定义为从感知序列到智能体示例动作的映射。设 P 是 Agent 随时可能注意到的感知集合，A 是 Agent 在外部世界能完成的可能动作集合，则 Agent 函数 f:P － A 定义了在所有环境下智能体的行为。如果指定在每个可能时刻的感知序列下该智能体的行动选择，则可以说我们了解该智能体的一切。从数学上看，可以用一个把任意给定感知序列映射到智能体的行动的智能体函数来描述智能体的行为。

定义 1.10　智能体程序是在物理实体上运行的智能体函数的具体实现。

智能体程序每接收到一个新的感知信息，就将其添加到感知序列中，并根据先验知识的对应表得到一个行动。下面给出智能体程序的伪码表示：

```
function TABLE-DRIVEN-AGENT(percept)returns an action
```

static：percepts，一个序列，初始为空。

table：动作列表，以感知序列为索引，初始完全指定。

将 percept 加入到 percepts 中；

```
    action <-- LOOKUP(percepts, table);
    return action;
```

原则上可以通过实验用一个列表来记录任何感知序列下智能体的行动响应，虽然这是一个很庞大的表格甚至是无限的，但是该函数表唯一地刻画了智能体函数，它从外部反映了智能体的特性。而从智能体的内部来看，智能体函数是通过智能体程序来实现的。智能体可以根据当前输入的感知序列从智能体函数中选取动作。可以证明，直接查找智能体函数表来实现智能体是不明智的。但是想要对每一个感知序列都列出对应的动作表则需要巨大的存储空间，即便能存下也很难通过该表进行学习。

认识了智能体的概念后，我们来讨论另一个概念——智能化智能体（Intelligent Agent）或者理性智能体（Rational Agents），即效用最大化，而这个最大化是有条件的，即智能体已知的信息和当前的环境。

智能化智能体或者理性智能体是"做事正确"的智能体，通常由理性设计者给出，根据其在实际所处的环境中希望得到的结果来设计度量，而不是根据智能体应该表现的行为。一个理性智能体总是做最正确的行动，而行动的正确性要通过环境的状态来衡量。当一个智能体处于一个环境中时，它会根据接收到的感知信息产生一系列的活动，而这些活动会让环境产生一系列的状态，如果这些状态都是期望得到的，那么这个智能体的行为就是正确的。性能度量（performance measure）就是来衡量这一系列的环境状态是否是期望得到的。

定义 1.11　智能化智能体（Intelligent Agent，IA）是一种对于任意感知序列，均能够根据接收到的感知序列和对环境的先验知识，选择使性能度量期望最大化的行动的智能体。

这个概念是人工智能的核心。

智能化智能体（IA）既强调它的智能性（Intelligent），也表明其代理能力（Agent）。智能性是指应用系统使用推理、学习和其他技术来分析解释它接触过的或刚提供给它的各种信息和知识的能力，智能可以由一些方法，函数，过程，搜索算法或加强学习来实现。

判断一个智能体是否理性取决于定义成功标准的性能度量、智能体对于环境的先验知识、智能体能够完成的动作以及智能体接收到的感知信息。

人工智能的任务是设计智能体程序，实现从感知到动作的映射。一个智能体通过智能体程序来实现智能体函数（图 1.1）。该函数在 Agent 运行期间被循环调用，每次调用，Agent 将修改记忆的世界知识，反映新的感知。理性智能体对于每一个可能的感知序列，总希望达到最好的性能。因此，这里 Agent 采取最佳动作，所采取的动作也保存在记忆里。

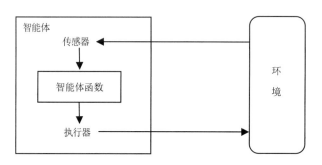

图 1.1　智能体通用结构

在定义了什么是理性和衡量一个智能体是否智能后，还需要对智能体所处的任务环境进行描述，并根据任务环境的情况确定智能体的设计。任务环境的说明采取 PEAS（Performance，Environment，Actuators and Sensors）的方式进行描述。PEAS 代表了性能、环境、执行器和传感器。对任务环境进行描述后，需要再对任务环境的属性进行研究才能决定智能体的设计。任务环境的属性有可观察性与不可观察性、单智能体和多智能体、确定性与随机性、片段性和顺序性、离散的和连续的、可知和不可知这 6 种。

案例 1-1　以自动驾驶汽车为例，它应该具有以下 PEAS：
● 性能：安全性、时间、速度、合法驾驶、舒适性。
● 环境：道路、其他汽车、行人、路标。
● 执行器：转向、加速器、制动器、信号、喇叭。
● 传感器：相机、声呐、GPS、速度计、里程计、加速度计、发动机传感器、键盘。

关于智能体和智能化智能体概念，为了不引起混乱，本书后面都用智能体或 Agent 表示。

2. 多智能体系统

群体由个体构成，群体构成系统。多智能体系统（Multi-Agent System，MAS）是多智能个体组成的集合，它的目标是将大而复杂的系统建模成小的、彼此互相通信和协调的、易于管理的系统。同时，人们也意识到，人类智能的本质是一种群体智能或系统智能，人类绝大部分活动都涉及多个人构成的社会团体，大型复杂问题的求解需要多个专业人员或组织协调完成。

要对社会性的智能进行研究，构成社会的基本构件物——人的对应物——智能体理所当然成为人工智能研究的基本对象，而社会的对应物——多智能体系统，也成为人工智能研究的基本对象，从而促进了对多智能体系统的行为理论、体系结构和通信语言的深入研究，这促进了智能体技术的研究与开发。

定义 1.12　多智能体系统是由一定数量的智能个体通过相互合作和自组织，在集体层面上呈现出有序的协同运动和行为。

多智能体系统的这种行为可以使群体系统实现一定的复杂功能,表现出明确的集体"意向"或"目的"。

3. 多智能体系统特点

从个体与系统的角度分析,多智能体系统具有"智能个体 + 通信网络 = 整体运动行为"特点。其中,"智能个体"是指组成群体系统的每个个体都具有一定的自主能力,包括一定程度的自我运动控制,局部范围内的信息传感、处理和通信能力等。例如车流的形成和维持过程中,每个司机通常只能根据其前后左右的相邻车辆的运动状态(相对距离和速度)来调整自己的运动状态。基于共同的加速或减速规则,可以在整体上形成车流的有序运动。

与单个智能体相比,多智能体系统具有以下特点:

(1)每个智能体仅拥有不完全的信息和问题求解能力;不存在全局控制,而采用分布式控制策略。整个群集系统中不存在中心控制器控制所有的智能体,每个智能体均具有一定的自主能力。该特点使得多智能体系统具有良好的鲁棒性。例如,执行任务的无人机蜂群中即使有若干架无人机因故障或者被攻击丧失功能,剩下的无人机也可以在重新组网之后继续执行任务,从而提高战场生存能力。

(2)系统中每个智能体都具有相对简单的功能及有限的信息采集、处理、通信能力,然而经过局部个体之间的信息传递和交互作用后,整个系统往往在群体层面上表现出高效的协同合作能力及高级智能水平,从而实现单个智能体所不能完成的各种艰巨、复杂、精度要求高的任务。

智能体具备一定的位置共享、路径规划及障碍规避能力。例如,蜂群中的无人机可以根据一定的规则自主飞行,将指挥员从繁重的作战任务中解脱出来,必要时又可以进行人工干预。

(3)智能体运行的核心是由行为事件驱动的。说起智能体运行的核心,得从智能体的交互方式说起。不能将智能体的交互理解为简单的信息集成,信息集成只是最终传递的形式而已。智能体应该是能够基于行为模式识别进行自主判断并进而与其他智能体进行协调交互的虚拟软件体。这是智能体之所以被称为智能体的本意。其核心是事件驱动,虽然事件驱动最终也要体现为信息传递,但事件相对于信息而言,更加具有意义,是从信息应用的角度来描述的。

(4)多智能体运行的特点是协同协作规则。在物联网背景下,每个物体都会发展成一个智能体,实体交互不仅仅在两个物体之间发生,而是每一个智能体都可以和任何一个其他的智能体进行交互。多智能体之间的交互,其实就是在定义协同协作规则——智能体之间的行为交互方式或者交互模式。这个方面,可以借鉴生物界中的各种生态模式,比如蚂蚁之间、鱼群之间、鸟群之间的协作,再比如人类社会的各种形态等,都可以转化为一些可用的规则,用于支持多智能体之间的协同协作。

1.2.2 多智能体系统的形式化描述

1. 智能体数学模型

可以用下面的数学模型来描述智能体。

定义 1.13 一个智能体是一个能自我管理、自我决策、自我控制及自我学习的个体,有自己的行为和内部状态,能够免受其他智能体的明确控制。

智能体 e 是一个七元组 <S,B,See,Choose,Change,F,G>,其中 S 描述了智能体 e 的当前状态;B 是动作;See 是感知器部件;Choose 是决策器部件;Change 是智能体动作的执行对环境状态的影响；F 是一个评估函数；G 是智能体 e 的目标集。

定义 1.14 智能体 e 的状态 S 被一组静态或动态属性刻画，即，$S=\{S_1,\cdots,S_N\}$。例如，在交通网中，研究智能体的状态属性和环境的状态，智能体的状态属性包括智能体的位置、速度、运行方向、源地址、目的地址、下一步、智能体之间的动态关系等动态属性；交通环境包括道路状况、交通设施、地物地貌、气象条件，以及其他交通参与者的交通活动。

定义 1.15 智能体 e 的本地有穷动作集合是 $B=\{b_1,\cdots,b_k\}$。

定义 1.16 智能体感知部件的功能是 See: $S \to P$，其中，$S=\{s_0,s_1,\cdots,s_m\}$ 是环境状态集合。该函数将智能体所在的环境状态映射为感知输入。

定义 1.17 智能体动作决策部件的功能是 Choose: $P \to B$。该函数刻画了它根据感知信息的状态序列确定智能体待实施的本地动作 b_i。

定义 1.18 智能体动作的执行对环境状态的影响是 Change: $SXA \to P(S)$，其中 P 是幂集符号。

定义 1.19 一个智能体通过使用一个评估函数 F 进行条件的评价。

例如，在交通网中，评估函数包括速度、方向、是否到达目的地等。

定义 1.20 智能体 e 可以有一组目标，记作 $G=\{g_1,\cdots,g_N\}$。每个目标 g_i 是要取得一个状态 S'，满足评估函数 F 取得某个预定义的值 α，即 $g_i=\{S'|F(.)=\alpha\}$，其中 α 是一个常量。

例如，在交通网中，目标 G 可以是智能体 e 的到达目的地。

2. 多智能体系统数学模型

基于上述的单个智能体描述，我们可以来描述该多智能体系统。

定义 1.21 一个多智能体系统是三元组 $<IA,E,\Phi>$，符号 IA 用来表示多智能体集（Intelligent Agent，IA）；E 是 IA 驻留的环境；Φ 是系统目标函数，通常是智能体状态的非线性函数。

定义 1.22 环境 $E=\{es_1,es_2,\cdots,es_N\}$，其中每个 es_i 对应一个静态或动态属性；N 为属性个数。

在每个时刻，E 也描述了环境的当前状态。作为一个多智能体系统中的主要构件之一，一个环境 E 通常起着三个作用。第一，它作为智能体可以活动的范围。这是环境的静态观点。例如对于交通网，交通环境是以道路为中心的物的环境。第二，环境作为布告牌，其中智能体可以读取或发布它们的信息。在这种动态观点下，环境始终在改变。在这个意义上，环境可以被看作一个智能体之间的间接的通信媒介，如交通安全设施、交通信号、交通标线和路面交通标示等意义性交通环境。第三，环境保持一个中央时钟，如果必要的话，有助于所有智能体的行为。

Φ 是系统目标函数，是智能体状态的非线性函数。在交通网研究中，系统目标函数可以是交通网的最短路径。而涌现行为是智能体之间、智能体和环境之间的交互产生的，在宏观层面上呈现出整体协调一致的运动效果。

例如，对于交通网，道路交通是一个涉及人、车、环境的动态系统。交通环境是作用于道路交通参与者的所有外界影响与力量的总和，包括道路状况、交通设施、地物地貌、气象条件，以及其他交通参与者的交通活动。在交通网中，为了实现人、车、环境之间的最佳匹配，把人的工作优化问题作为追求的重要目标，其标志状态是使处于不同条件下的驾驶员能高效、安全、健康、舒适地工作。道路交通作为一个涉及人、车、环境的动态系统，其目标特征或模式是实时、准确、高效、安全、节能，最终目标是人、车、环境的完美结合。

1.2.3　多智能体系统理论的发展

从 20 世纪 70 年代出现分布式人工智能后，早期的研究人员便将研究重心放在分布式问题求解（Distributed Problem-Solving Systems）中，试图在系统设计阶段便确定系统行为，对每个智能体预先设定各自的行为。但这种封闭性和确定性的设计理念使得系统的自适应性、鲁棒性和灵活性等方面表现不足，限制了 DAI 的工程应用。20 世纪 80 年代，研究人员逐渐将重心转移到多智能体系统，在智能体分析建模上不再基于确定行为的假设，Rao 在 Bratman 的哲学思想的基础上提出了面向智能体的 BDI（Belief-Desire-Intention）模型，使用信念 - 愿望 - 意图哲学思想描述智能体的思维状态模型，刻画了最初的 MAS 系统智能体的行为分析，提高了智能体的推理和决策能力。

与此同时，相关研究学者为了解决传统的分布式问题求解领域无法很好地对社会系统进行建模等相关问题，也将注意力集中在智能体社会群体属性上，从开放的分布式人工智能角度出发，重点研究多智能体的协商和规划方式，如 G.Zlotkin 和 J.Rosenechein 提出的基于对策论的协商策略，使得各智能体在仅拥有局部信息的前提下依旧可以进行冲突消除，麻省理工大学的 S.E.Conry 等提出的多级协商协议同样是使用局部信息对非局部状态的影响进行推理，以适应环境的改变。

随着多智能体技术在无线传感器滤波、生物医学、无人机编队控制等各领域的深入应用，该技术也遇到了诸多瓶颈，例如对复杂系统建模规模的过程引入庞大的智能体数量而引起的通信代价过大、实时性不够等问题，而在系统本身的计算资源和存储资源极度受限的情况下，如何保证智能体之间的正常协作规划也是一个具有挑战的问题。近年来，为了克服这些局限，研究学者们在计算机软硬件快速发展的大趋势下，获得了大量的研究成果和许多突破性的进展。

群体行为（Swarming Behavior）是自然界中常见的现象，典型的例子如编队迁徙的鸟群、结队巡游的鱼群、协同工作的蚁群、聚集而生的细菌群落等。这些现象的共同特征是一定数量的自主个体通过相互合作和自组织，在集体层面上呈现出有序的协同运动和行为。

在该方面的研究早期，大量的工作集中在对自然界生物群体的建模仿真上。学者们通过大量的实验数据探究个体行为以及个体与个体之间关系对群组整体行为表现的影响。1987 年，Reynolds 提出一种 Boid 模型，这种模型的特点如下：

（1）聚集：使整个组群中的智能体紧密相邻。

（2）距离保持：相邻智能体保持安全距离。

（3）运动匹配：相邻智能体运动状态相同。

这种模型大体描述了自然界中群体的运动特征。1995 年，Vicsek 等提出一种粒子群模型，这种模型中每个粒子都以相同的单位速度运动，方向则取其邻居粒子方向的平均值。该模型仅实现了粒子群整体的方向一致性，而忽略了每个粒子的碰撞避免，但是仍为群体智能体建模做出了重要贡献。

受到这一自然和社会现象的启发，20 世纪 80 年代，科学家认识到按照网络化和协作化的概念来规划和应用人工智能技术将会带来革命性的变化，使工业的发展产生巨大的飞跃。多智能体系统协同控制技术发展的一个重要里程碑是 1986 年 MIT 的著名计算机科学家及人工智能学科的创始人之一 M.Minsky 在 "Society of mind" 中提出了智能体的概念，并试图将社会协作行为的概念引入计算机系统中。每个智能体具有和其他智能体并最终和人交互信息的能力。这样一群相互作用的理性个体就称为多智能体。在多智能体系统中，不同智能体之间既合作又竞争，构成了生物种群和人类社会的一个缩影。利用这一思想，科学家将集中式运算发展为分布式运算，把待解决的问题分解为一些子任务，每个智能体完成自己的特定任务。整个问题的求解或群体任务的完成被看作不同智能体基于各自的利益要求相互通信、进行协作和竞争的结果。与集中式问题求解系统相比，多智能体系统具有更高的灵活性和适应性。这一技术的发展也为今天云计算的产生奠定了基础。

随后，多智能体系统的研究进入"网络化系统与图论描述"阶段。具体是指群体系统是由许多个体通过某种特定的相互作用所形成的一类网络化系统。个体之间的相互作用关系在数学上可以利用图论方法进行描述和研究。在此阶段，学者们在对自然生物群落建模仿真的基础上，从对模拟推演层面跨越到从理论角度探寻个体与系统整体之间的关系层面。

最近，针对多智能体系统理论的研究进入实际应用阶段。大量的工作侧重于实际问题，尤其是工业、战争应用中出现的问题。无人蜂群作战技术就诞生于该阶段。多智能体系统已被应用于多个领域，从工业到电子商务、健康，甚至娱乐。基于智能体的建模是一种多智能体系统，是一种广泛应用于复杂系统研究的技术。自然或社会系统可以基于智能体和交互的模拟来表示、建模和解释。

多智能体系统的迅速发展一方面为复杂系统的研究提供了建模及分析方法，另一方面也为广泛的实际应用提供了理论依据。特别是随着生物种群决策、计算机分布式应用、军事防卫、环境监测、工业制造、特殊地形救援等领域的实际需求日益增多，多智能体系统协同技术吸引了国内外学者越来越多的兴趣和关注。与传统的单一系统应用相比，多智能体系统的协同工作能力提高了任务的执行效率；多智能体系统的冗余特性提高了任务应用的鲁棒性；多智能体系统易于扩展和升级；多智能体系统能完成单一系统无法完成的分布式任务。

1.2.4　多智能体系统的应用

多智能体系统（Multi-Agent System）的目标是让若干具备简单智能却便于管理控制的系统能通过相互协作实现复杂智能，使得在降低系统建模复杂性的同时，提高系统的鲁棒性、可靠性、灵活性。目前，采用智能体技术的多智能体系统已经广泛应用于交通控制、智能电网、生产制造、无人机控制等众多领域。

1. 智能机器人

随着人工智能的发展，机器人控制领域也将有新的突破。目前，将具有强大感知推理能力的多智能体技术应用于机器人控制领域已经屡见不鲜，其中最具代表性的是将智能体技术融入到辅助机器人中提高单个机器人的语义理解和认知能力，以及将多智能体一致性理论应用到机器人编队控制，以提高多个机器人的协调协作能力。多机器人系统被看作一个人工系统，其实是一种对人类社会和自然界中的群体系统的模拟。

集群机器人技术是研究由大量相对简单的物理机器人组成的多机器人系统协调问题的一种新方法。这种方法的目标是研究如何构造相对简单的物理智能体来共同完成单个智能体无法完成的任务。集群机器人最早的研究始于20世纪70年代初，尽管当时对该领域的兴趣有限。当时，分布式人工智能领域关注的是多Agent的协调和交互。然而，调查仅限于涉及软件智能体的问题。这种趋势一直持续到20世纪80年代后期，机器人专家开始探索合作机器人系统。

合作机器人领域最早的研究之一与细胞机器人系统有关。细胞机器人系统（CEBOT）是一个由多个同构智能体组成的机器人系统。智能体可以在它们之间建立连接和分离，也反过来将重新配置它们的系统结构。此外，该系统能够根据目的和环境将自身重新配置为最佳结构。

与分布式机器人系统的其他研究不同，一般而言，集群机器人强调大量机器人的自组织和涌现，并通过仅使用本地通信来提高可伸缩性和鲁棒性。这些重点促进了相对简单的机器人的使用，配备了可伸缩的通信机制、局部感知能力和分散控制策略的探索。

案例 1-2 京东分拣机器人

在京东物流配送部，超过百台的分拣机器人都是智能体。这些智能体在取货、扫码、运输、投货过程中，能相互识别，自动排队，并根据任务优先级来相互礼让，忙而不乱，井然有序。它们既相互协作执行同一个订单拣货任务，也能独自执行不同的拣货任务。

2. 智能交通

交通控制拓扑结构的分布式特性使其很适合应用多智能体技术，尤其对于具有剧烈变化的交通情况（如交通事故），多智能体的分布式处理和协调技术更为适合。以汽车行驶路径规划为例，Giovanni 等提出一个分布式路径指导多智能体系统，该系统利用多智能体的协调技术，将交通图知识库中的信息与路径边界搜索算法相结合，建立了一个局部世界描述机制，通过无线电获取信息，激活系统重新规划路径，并提出一个获得最短路径的规划算法，从而产生汽车行驶的最佳轨迹。系统向驾驶员提供行驶建议，避免了汽车在行驶中发生冲突。该系统分为 8 个智能体，每个智能体具有不同的能力。

案例 1-3 智能打车 App

一个很明显的例子是易到用车、神州专车等智能打车应用。这类例子中，每个用户手上的终端、每个司机手上的终端，都可以被想象成智能体。它们可以做出决定：到底什么样的价钱我可以接受。系统层面甚至可以有一套机制合理分配资源。比如，出行高峰出租车比较少，但是需求量又比较大。而在其他的一些时候，可能出租车很多，但是需求量不大。系统怎么调配，这其实需要一个非常大的人工智能协作系统来分析。

案例 1-4 共享单车

共享单车的情况更加明显。如果给每辆自行车装上芯片或者计算机，它就成为智能体，可以根据目前的情况，优化车辆的地理位置分布。

案例 1-5 无人蜂群作战

无人蜂群作战是指一组具备部分自主能力的无人机在有 / 无操作装置辅助下，实现无人机间的实时数据通信、多机编队、协同作战，并在操作员的指引下完成渗透侦查、诱骗干扰、集群攻击等一系列作战任务。无人蜂群作战技术来源于多智能体系统理论，一般将无人机蜂群作战技术中的无人机视为智能体（Agent），执行任务的无人机编队视为一个多智能体系统（MAS）。

3. 柔性制造

为了更好地满足市场需求并适应制造系统组成的变化，具有更好的柔性、敏捷性、可扩展性、可靠性及容错性的分布式自治制造系统已经成为制造系统未来发展的方向。当制造系统采用分散控制体系结构时，就必须为之配备恰当的协调机制，以管理制造系统中的依赖关系，使各项制造活动能达到协调一致，满足制造系统的各种约束条件并优化制造系统性能。多智能体技术可表示制造系统，并为解决动态问题的复杂性和不确定性问题提供新的思路。如在制造系统中，各加工单元可看作智能体，从而使加工过程构成一个自治的多智能体制造系统，完成单元内加工任务的监督和控制。多智能体技术可用于制造系统的调度。

案例 1-6　分布式自治制造和自适应协同生产组织系统

对于一个车间来说，车间里面所有的制造要素资源都可以虚拟化为一个智能体，比如机床智能体、刀具智能体等，也可以增加一些并不与实际制造要素资源相对应的智能体，比如订单智能体、具有仲裁性质的智能体。分布式自治制造中的 Agent 通常通过计算机网络互相连接，可以实现对等交互。资源 Agent、任务 Agent 和系统 Agent 的平等交互构成了分布式自治制造和自适应协同生产组织系统的 Agent 模型，如图 1.2 所示。

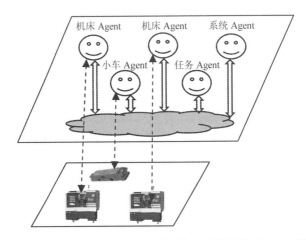

图 1.2　分布式自治制造和自适应协同生产组织系统的 Agent 模型

这样的运行就是各个智能体之间的协同协作，并且这种协同协作是以一种自适应的方式来进行的，订单可以和机床进行协商，来决定自己的工序应该到哪个机床上进行。

案例 1-7　自适应协同流程组织

不管工业 App 的规模大小如何，工业 App 是需要进行集成的。而这种集成，不能仅仅是服务或微服务，而应该以多智能体的方式进行集成，形成这些工业 App 之间的协同协作模式。对于各个软件实体的多智能体，这种模式将更多地体现为自适应协同流程组织。

面向这种自适应协同流程组织，工业 App 的粒度越小，组织的柔性就越大。每一个软件智能体，都具有自己的处理和决策功能，更重要的是彼此之间可以进行协商，并实现自动的握手协同。

4. 分布式预测、监控及诊断

智能体具有意图的性质，利用多智能体的联合意图机制可实现联合行动，从而实现分布式预测与监控。Jennings 和 Draa 等分别利用智能体的联合意图实现了联合监控机制。Hartvigsen 将多智能体技术应用于暴风雨气象观测，将各区域观测站分别作为一个智能体，各智能体对观测数据进行处理，做出局部预测，然后进行协调，构成一个多智能体系统。通过网络对整个地域进行分布式问题求解，最终形成一个可靠的一致解，即实现全局预测。

5. 虚拟现实

虚拟现实定义为使用户不同程度地投入一个人工环境，并能与该环境中的对象进行相互作用的仿真技术。这项研究是以人为中心的人机和谐系统。Tsvetovatyy 采用虚拟智能体技术建立了电子市场的模拟系统（MAGMA），实现了电子市场中的货物储藏和买卖机制以及银行信贷和金融管理机制，设计了买和卖智能体，提出了两类智能体间的直接交互和智能体交互算法，并采用异质智能体技术将模拟系统设计为开放式结构。

6. 无线传感器网络应用

鉴于多智能体技术具有自主性、反应性、协作能力等，学者们尝试将多智能体技术融入到无线传感器网络中，以提高传感器网络节点的滤波效果以及整体的信息处理能力。但是将多智能体技术应用到仅拥有有限的计算和存储资源的嵌入式传感器设备中并非易事，在部署无线传感器网络过程中，首要问题是如何降低智能体对物理资源的依赖。

1.3　多智能体系统的主要技术内容

多智能体系统主要研究如何将一个具体的任务合理地分配给多个简单的智能体，并进行任务规划和控制。目前，主要研究的内容涉及多智能体及环境建模、反应智能、一致性问题、群体智能、认知智能、学习、通信、合作、协商与谈判等。

1. 多智能体及环境建模

要使各个智能体之间有效地进行协作完成任务，必须对它们之间的行动、感知、能力、意图等状态进行建模。通过对多智能体系统的数学模型的构建，可以从模型中得到系统的动态特性，分析智能体系统的有效性和模型的合理性；也可以在对程序设计和实体智能体开发前，对多智能体系统模型进行分析，并利用数据结果改进多智能体系统的控制策略。

多智能体系统研究的目标是找到一种方法，使我们能够构建由自主智能体组成的复杂系统，这些自主智能体虽然只具备局部知识和有限的能力，但仍然能够执行所期望的全局行为。我们想知道如何描述一个智能体系统应该做什么，并将其分解为各个智能体行为。多智能体系统的目标旨在通过自身组织再现逆向工程的涌现现象，以蚂蚁群体、经济和免疫系统为代表。

多智能体系统使用博弈论、经济学和生物学中经过充分验证的工具来解决这个涌现问题。此外，人工智能研究还提出了规划、推理、搜索和机器学习等概念和算法。这些不同的影响导致了许多不同的方法的发展，其中一些最终彼此不兼容。也就是说，有时不清楚两个研究人员是在研究同一问题的不同变体，还是在研究完全不同的问题。到目前为止，最受关注的模型，很可能是因为它的灵活性，以及它在博弈论和人工智能中根深蒂固的特性，即把智能体（Agent）建模为具有某种马尔科夫决策过程的效用最大化者。

AI 的重要任务就是实现智能体程序，智能体程序是运行在一定的体系结构上的。这里的体系结构是指智能体的感知器、执行器和承载这些机构的结构。

智能体 = 智能体程序 + 智能体体系结构

（1）智能体体系结构。智能体理论是研究如何构建智能体的理论体系，使智能体具有所需的各种属性；智能体体系结构则研究在理论体系的基础上如何设计内部模块以及它们之间的关系，从而使系统具备各种属性。

体系结构为程序提供来自传感器的感知信息，运行程序，并且把程序产生的行动选择传送给执行器。智能体的结构需要解决以下问题：Agent 由哪些模块组成；这些模块之间如何交互信息；Agent 感知的信息如何影响它的行为和内部状态；如何将这些模块用软件或硬件的方式组合起来形成一个有机的整体。

（2）各种智能体的体系结构。人们提出了各种智能体的理论，大致可以分成 4 类：反应型智能体、慎思型智能体、混合型智能体和学习型智能体。接下来本节将分别介绍各种理论的特点和相应的体系结构。

1）反应型智能体（Reactive Agent）。反应型智能体可以分成两类：一是纯反应型智能体，智能体内部只有"条件 - 行动规则"，不保存任何状态；二是基于状态的反应型智能体，智能体中保存有一定的状态。

第一种，纯反应型智能体（Reactive Agent）也称为简单反射型智能体（Simple Reflex Agent）。

纯反应型智能体是一种具备对当时处境的实时反应能力的 Agent。反应智能体基于"条件 - 行动规则"，如果符合某些 IF-THEN 规则的条件，即执行对应规则的行动，对感知到的环境做出反应。反应型智能体的特点是只根据当前的感知序列来采取行动而不管感知序列历史，对感知到的信息不进行处理，也不会考虑环境变化的历史因素，不具备学习能力和知识库。如自动驾驶智能体感知到前车尾灯亮，就条件反射立即刹车。因此，它往往在一个完全可观测的世界中工作。它可以被看作表驱动智能体程序的一阶马尔科夫版本。纯反应型智能体的伪码表示如下：

```
function SIMPLE-REFLEX-AGENT(percept) returns an action
    static: rules;                          // 一组条件 - 行动规则
    state <-- INTERPRET-INPUT(percept);     // 将感知信息转化为状态
    rule <-- RULE-MATCH(state, rules);      // 将状态匹配规则列表中的规则
    action <-- RULE-ACTION(rule);           // 通过规则得出对应的行动
```

第二种，基于状态的反应型智能体也称为模型反射型智能体（Model-based Reflex Agent）。

应对可观测环境最好的方法就是让智能体追踪记录当时无法观测到的那部分世界。基于模型的模型反射型智能体引入一个内部世界模型来维护某种结构，用于描述观察不到的世界部分。也就是说，智能体应该维持取决于感知历史的内部状态。

在不完全观察的条件下，为了让智能体对未观察到的世界进行判断，智能体就需要两方面的知识库：关于世界如何独立发展的知识（如正在超车的汽车一般在下一时刻会从后方赶上来，更靠近本车）和智能体自身的行动如何影响世界的知识（如方向盘顺时针转，车右转）。基于状态的反应型智能体由于可不断地更新内部状态，因此具有一定的历史知识，这种关于世界如何运转的知识也被称为世界的模型，所以使用这样模型的智能体被称为模型反射型智能体。它的特点是"条件 - 行动规则"不再是通过当前感知查询，而是根据当前状态查询。基于状态的反应型智能体的伪码表示如下：

```
function MODEL-BASED-REFLEX-AGENT(percept) returns an action
```

static：state，对当前世界状况的描述；rules，一组条件 - 行动规则；action，最近的行动，初始为空。

```
    state <-- UPDATE-STATE(state, action, percept);   // 将感知信息结合当前状态和行动转化为状态
    rule <-- RULE-MATCH(state, rules);                 // 将状态匹配规则列表中的规则
    action <-- RULE-ACTION(rule);                      // 通过规则得出对应的行动
```

2）慎思型智能体。所谓慎思型智能体，就是指智能体的任何行为都经过内部"思考"。认知型智能体由感知器、推理器、规划器、效应器等组成。推理器和规划器是系统的中心，负责"思考"。这类智能体的共同特点有：第一，都通过符号系统表达出世界模型和目标；第二，任何行为都是根据一定的目标和当前世界的状态推理、规划产生的。因此，我们可以认为慎思型智能体的理论源于人工智能的符号主义。这类智能体又可以分为两类：目标

型智能体和效用型智能体。

第一种，目标型智能体（Goal-Based Agent）。

在模型反射型智能体中增加了对未来（下一步）的考虑，这里的目标指的不是任何智能体都可以分解出的简单目标，而是间接的，需要多步骤完成的复杂目标。目标型智能体的特点是通过搜索和规划，寻找最佳的行动序列来达成目标。

这类智能体会考虑"如果我这么做结果会变成什么样？"，然后搜索能够实现目标结果的行为模式。这种智能体所展现的最大优势就是只需要简单的目标设定，而不是复杂的"条件 - 行动规则"。

反射型智能体的内建规则直接把感知映射到行动，在感知到前车尾灯亮时就会刹车。而目标型智能体强调智能体能够推理"如果前面的车辆刹车灯亮起表明它将要减速。根据智能体对已知世界的理解，能够达到不碰撞其他车辆的目标的唯一行动就是刹车"。

这类智能体的理论中很有影响力并且运用很广的是 BDI 理论模型，即赋予智能体三种心智状态（Mental State）：信念（Belief）、愿望（Desire）和意图（Intention）。心智状态为智能体如何行动提供了一种解释，也就是说智能体的行动是由智能体的心智状态驱动的。智能体通过各种逻辑运算得到能够实现给定目标的动作序列，因此称为面向目标的智能体。

第二种，效用型智能体（Utility-Based Agent）。

在模型反射型智能体中增加了效用函数，选择导致最佳期望的行动，这类智能体不仅能思考"如果我这么做会变成什么样？"，还会思考"变成那样我是否会开心？"。效用型智能体将更抽象的效用设定为目标，因此，它能驱动自己向更有利的情况推进。

基于效用的智能体通过效用函数描述目标，当有多个互相冲突的目标，而只有部分目标可以实现时，智能体可以通过效用函数适当折中，如优先保证速度和安全，而非舒适。当智能体瞄准了几个目标，而没有一个有把握达到时，智能体可以效用函数根据目标的重要性对策略进行加权，得出效用最大的方案。

基于模型和效用的智能体模型：引入效用函数来度量从目标状态到非目标状态的跨度。

慎思型智能体属于基于知识的智能体，其核心构件是其知识库，或称 KB。与我们所有的智能体一样，基于知识的智能体用感知信息作为输入，并返回一个行动。智能体维护一个知识库——KB。该知识库在初始化时包括了一些背景知识。每次调用智能体程序时，它都会做两件事情：首先，智能体 TELL（告诉）知识库它感知的内容；其次，它 ASK（询问）知识库应该执行什么行动。在回复该查询的过程中，可能要对世界的当前状态、可能行动序列的结果等进行大量推理。一旦选择了某个行动，智能体就用 TELL 记录它的选择并执行该行动。为了让知识库了解到该假定行动确实已经被执行，第二个 TELL 必不可少。慎思型智能体的伪码表示如下：

```
function KB-AGENT(percept) returns an action
  static: KB;                          // 知识库
         t;                            // t 为计数器，初始为 0，表示时间
  TELL(KB<MAKE-PERCEPT-SENTENCE(percept,t));
  action ← ASK(KB,MAKE-ACTION-QUERY(t));
  TELL(KB,MAKE-ACTION-SENTENCE(action,t));
  t ← t+1;
  return action;
```

表示语言的细节隐含于两个函数中，这两个函数分别实现智能体程序的传感器与执行器之间以及核心表示法与推理系统之间的接口。MAKE-PERCEPT-SENTENCE 接收一

个感知信息和一个时刻，返回一个声明智能体在该给定时刻接收到了该感知信息的语句；MAKE-ACTION-QUERY 接收一个时刻作为输入，返回一个询问在该时刻应该执行什么行动的语句。有关推理机制的细节隐藏于 TELL 和 ASK 中。

基于知识的智能体与具有内部状态的智能体非常类似。然而，由于 TELL 和 ASK 的定义，基于知识的智能体不是用于计算行动的随意程序。知识层的描述必须能经受检验，在这里我们只需指定智能体知道的内容和它的目标，以便修正它的行为。例如，一辆自动出租车可能有一个目标是将乘客送到马林郡，它可能知道自己目前在旧金山，而金门大桥是这两个地点的唯一联系。那么我们可以期望它穿过金门大桥，因为它知道这可以实现它的目标。需要注意的是，这一分析过程独立于该出租车在实现层的工作方式。它的地理知识是以连接列表还是像素地图的形式实现的，或者它是通过处理存储在寄存器中的符号串还是通过在神经元网络中传递有噪声的信号进行推理的，这些都无关紧要。

3）混合型智能体。无论是纯粹的慎思结构还是反应结构，都不是构造智能体的最佳方式。生活在一个现实或虚拟环境中的智能体，会遇到种种复杂情况，智能体除了要对紧急情况做出及时反应，还要根据策略对其行为做出中短期的规划（局部规划），同时，通过外界环境和其他智能体进行分析，预测未来的状态，并通过通信语言与其他智能体进行协作。为了保证这些功能的实时性和并行处理，人们提出混合结构的智能体系统，它由两个子系统组成。第一，慎思子系统，含有用符号表示的世界模型，并用主流人工智能提出的方法生成规划和决策。该子系统一般用于 Agent 的中长期任务。第二，反应子系统，用来不经过复杂的推理就对环境中出现的事件进行反应。通常反应子系统的优先级比慎思子系统高，以便对环境中出现的重要事件提供快速实时反应。混合型智能体是在一个 Agent 内组合多种相对独立和并行执行的智能形态，其结构包括感知、动作、反应、建模、规划、通信和决策等模块。

4）学习型智能体。我们已经描述了使用各种方法选择下一步行动的智能体程序。不过迄今为止我们还没有说明这些智能体程序是如何形成的。在人工智能的许多领域，学习型智能体是创造最新技术水平的系统的首选方法。学习型智能体（Learning Agent）通过学习产生智能体程序。这种智能体可以在未知环境中运行，比使用知识进行初始化更有效。其内部具有负责改进行为的"学习元素"，负责反馈的"评论元素"，以及提出建议行动的"问题产生器"和负责整体行为选择的"执行元素"。

2. 一致性问题（Consensus 或 Agreememt）

我们在生活中时常见到各种各样的群集运动。这些群集运动常常让人印象深刻，因为当这些动物的个体集合在一起时，它们能非常好地组织起来，不断切换自己的阵形。向前、转弯、逃避其他捕食者、变形等，当目睹鸟群在飞行过程中各种阵形的转变时，我们不禁会为这种组织性感到惊讶，会觉得一个鸟群就像是一个巨型的"生物体"，很难相信这种转变竟然是由许许多多独立的个体聚集在一起完成的。

鸟群、兽群、鱼群以及人群，无疑是我们肉眼最常见的几类集体运动。动物（例如羚羊）在迁徙时聚集成群是因为当面对其他捕食者时，保持在群体中会更安全一些，这不仅是因为群体可以显得更有气势，并且群体的协作也让它们在面对河流、山谷等障碍物时可以有协作性的解决方案。此外，这种聚集也让捕食者平均需要跑过更远的距离才能找到猎物。事实上，更实际的一种理解应该是，当鸟类在飞行时，如果不能与周围的其他鸟儿行动一致，就很可能发生碰撞，双双丧命。我们相信，在动物们的实际运动中，存在某些机制，这些机制可以避免动物出现相撞、分散为多个小群体、无法躲避天敌或障碍物等情况，在找到某些具体的机制之前，科学家们可以首先试着用一些最简单的假定来重现这样的群体运动。

一般的机器人技术，特别是电子技术方面的最新进展已开始使部署大量廉价的智能体或机器人用于许多实际应用更加可行。这类应用程序包括搜索和救援类型的任务，这些廉价的智能体程序的任务是在地震等自然灾害发生后，在倒塌的建筑物中寻找幸存者。在这种情况下，智能体必须在危险、未知和遥远的环境中执行危险或探索性任务。在部署这些智能体时，所涉及的自主智能体的数量可能非常大，从数百个到数千个不等。

在上面描述的问题中，一个多智能体系统中所有的智能体最终状态能够趋于一致。我们称之为一致性问题。

在多智能体系统的相关探讨课题中，一致性课题具有重要的实际应用意义和理论研究价值。一致性问题的重要性表现在它是探索相关复杂协同控制的基础，而且智能体的诸多行为，例如蜂拥问题、编队控制、聚集问题、同步问题等，都由一致性问题演变而来。

目前，研究一致性问题的核心内容是通过设计合理的控制协议或算法，控制智能体与其邻居智能体进行有效的信息交换，最终使得整体达到稳定状态或共同完成一项复杂的任务。

相关研究问题如下：

（1）蜂拥问题（Flocking Problem）。作为多智能体网络的一种简单的行为，蜂拥控制是指各个智能体不受中央全局信息的控制，借助局部的感知作用和自身的反应行为，使得智能体的状态均能实现收敛并且所有智能体的位置维持在一个以整体为加权中心的有界范围内。我们称之为 Flocking 问题。在一个多智能体系统中，所有的智能体最终能够达到速度矢量相等，相互间的距离稳定。目前，多智能体网络的蜂拥控制侧重研究网络的聚合分离以及速度匹配的特征。

Flocking 算法最早由 Reynolds 在 1986 年提出。当时为了在计算中模拟 Flocking，他提出了三条基本法则：① Separation；② Cohesion；③ Alignment。Vicsek 于 1995 年提出并研究了 Reynolds 模型的一个简化模型。在它的模型中，所有的智能体保持相同的速度运行，这个仅仅体现了 Reynolds 算法中的 Alignment。近年来，许多控制学者也在研究 Flocking 问题，他们通过构建微分方程组将 Flocking 问题进行抽象化，利用人工势能结合速度一致（consensus）的方法来实现 Flocking 算法。

（2）编队控制问题（Formation Control Problem）。作为机器人协调控制系统中的热点问题，编队控制的具体定义是指所有个体向预设的方向或目标运动的过程中，保持相同的速度和相对的位置，即所有个体的速度和位移状态都达到一致，最终使得整个群体保持预定且稳定的几何队形。在这类问题中，智能体之间不仅就某个状态量要达成一致，比如时间、速度等，而且要在智能体移动前进的过程中，保持预先决定的队形，同时又要适应环境的约束。

编队控制（Formation Control）被广泛应用于合作控制领域，例如无人驾驶飞行器（UAVS）、自治水下潜艇（AUVS）、移动机器人系统等。目前，已有许多学者对编队控制问题进行了深入的研究，给出了系统拓扑结构与编队稳定性之间的关系，研究了单积分和双积分系统的编队控制问题。

编队控制中的智能体通过局部信息传递的方式实现编队控制，而且价格相对比较低，体积较小且信息处理能力相对比较薄弱。目前，基于一致性控制协议，学者采用跟随领航者、虚拟结构和行为三种方式控制智能体，实现编队控制。

（3）聚集问题（Rendezvous Problem）。一群移动的智能体最后能够在某一点聚集，我们称之为聚集问题。聚集问题要求一群机器人同时到达一个未知地点，是一类位置一致问题。在由 n 个可以在平面中自主移动的智能体组成的系统中，每个智能体可以连续追踪感测到一定距离内的其他智能体的运动状态，并根据感测到的其他智能体的运动自主地规划其运动，从而使智能体实现既定的目标。聚集问题的发展源于机器人应用的发展，比如，一群机器人要合作完成一个任务、到达一个共同的地点、在一片未知的地方进行搜救工作，或者一群无人驾驶飞机要达到一个共同地点等。

（4）同步问题（Synchronization Problem）。同步问题是与一致性问题密切相关的一类问题，可以看成一致性问题的非线性扩展。同步现象在日常生活中经常可见，比如钟摆同步、萤火虫现象、掌声同步等。

自然环境中的同步行为是普遍存在且随时发生的，例如昆虫叫声的同步、礼堂掌声的同步、夜间青蛙的齐鸣、大脑神经网络和心肌细胞的同步跳动、运动频率同步等现象。通常情况下，同步是指物理特性完全相同或相近的两个或多个个体，通过相互之间局部有限的耦合作用，使得初始状态不同的个体最终保持某种相对关系。因此，同步问题的研究，主要是探索多个特性相同或相似的网络通过互相作用，调整自身的某些动态行为，最终多个网络达到相同状态的问题。作为多智能体一致性紧密相关的研究课题，复杂网络的同步问题是一致性问题非线性扩展的重要组成部分。

3．群体智能问题

（1）群集问题（Swarming Problem）。群集（Swarm）是指在一个共同的环境中，以一种连贯和协调的方式运行的大量、独立的异质或同质智能体集合。群集架构（Swarm Architecture）促进了分散和自组织，这通常会导致涌现行为（Emergent Behaviour）。群体的涌现行为是群体与其环境（或同伴）相互作用的结果，而不是设计的直接结果。

群集是一个由大量自治个体组成的集合，在无集中式控制和全局模型的情况下，一般通过个体的局部感知作用和相应的反应行为，使整体呈现出涌现行为。群集具有个体自治、非集中式（Decentralized）控制、局部信息作用（Local Interaction）等特征。

群集中各个体交互作用，使用一个比单一个体更有效的方法求解全局目标。可以把群集定义为某种交互作用的组织或 Agent 之结构集合。在群集智能计算研究中，群集的个体组织包括蚂蚁、白蚁、蜜蜂、黄蜂、鱼群、鸟群等。在这些群体中，个体在结构上是很简单的，而它们的集体行为却可能变得相当复杂。研究人员发现，蚂蚁在鸟巢和食物之间的运输路线，不管一开始有多随机，最后蚂蚁总能找到一条最短路径。

群集是一个分布式协作系统，具有鲁棒性和自组织的特征。群集系统是基于局部优化的系统，在效率和鲁棒性方面可能要比传统的集中式控制更有优势，因而具有工程上潜在的应用价值，特别是大尺度上的行为对局部失效和故障不敏感，这是集中式控制所没有的特征。

在自然界中，群集无处不在，在几乎所有的尺度上，从非生命世界的分子到星系，从生物界的简单细菌到高等动物，普遍存在着群集现象和群集行为。

（2）群体智能的概念和特点。群体智能的概念来自人们对蜜蜂、白蚁、蚂蚁等这些群居昆虫的观察和研究，是对这些群体昆虫的群体行为所表现出的智能现象的概述。这些昆虫单个没有多大智能，但它们却可以一起协同工作，寻找并集体搬运食物，建立自己的巢穴，处处都体现出了群体的力量，发挥了超出个体的能力。人们通过对这些群居昆虫的集体行为的模拟，提出了一系列解决计算机传统问题和实际应用问题的新方法，这些研究都是群体智能的研究。

群体智能（Swarm Intelligence）是指"具有一定自治能力的个体通过合作行为表现出复杂的智能行为特性"。群体智能中的群体是指一组可以（通过改变局部环境）进行相互通信或间接通信的个体，这些个体通过合作可以进行分布问题的求解，而这些个体则只具有较为简单的能力或智能。群体智能所体现的特征有以下几个方面：

- 群体中的分布式控制特性使得它具有较强的鲁棒性，不会因为局部的出错而对整个群体的任务完成情况造成影响，也可以更好地适应当前的环境和工作状况。
- 群体中的每个个体间有间接的通信，它们自身也能够改变周围的环境，这种方式被称为共识自主性（Stigmergy）。也正因为系统中所有个体之间不通过直接通信而是间接通信进行合作，系统具有较好的扩充性，也不会因为个体的增加而引起较大的系统通信开销。
- 群体具有自组织性，群体当中的每个个体通过彼此交互所体现出的智能行为，使得整个群体表现出复杂性。
- 群体当中的每个个体的能力和智能都很简单，遵守的规则也相对简单，通过交互所体现出的群体智能也相应较简单，因而具有简单性（Simplicity）。

（3）群体智能的研究方向和主要方法。在过去的十年中，人工模拟群体（Artificially Simulated Swarm）或实际机器人群体（Practical Robot Swarm）的产生已经成为一个有趣的研究课题。尽管已经有许多研究采用了一种实用的方法来构建群体，但是仍然有许多问题需要解决。这些问题包括：如何控制非常简单的智能体形成模式（Pattern）的问题；吸引子（Attractor）如何影响群集行为（Flocking Behaviour）的问题；连接多个位置的多智能体桥接形成的问题。中心目标是发展早期新的理论和算法来支持集群机器人的模式形成（Pattern Formation）任务。为了实现这一点，必须开发适当的工具来理解如何建模、设计和控制单个单元。

自组织系统通常由大量的自主和反应性的智能体组成，其中聚集或集体运动主要由它们的邻里影响决定。一般来说，这些系统被用来模拟和研究自然和生物现象。随着技术的进步，部署成百上千个集群智能体变得更加可行。

群体智能的研究方向主要有以下几个方面：群体协作搬运物体行为的研究，模拟建立巢穴的行为和自行装配行为的研究，蚁群觅食过程的研究，群体任务分配行为和分工的研究，群体自组织行为及群体分类行为的研究等。

研究的主要方法有：多机器人合作搬运算法、模拟建巢算法、蚁群组合优化算法、网络路由控制算法、多机器人任务分配算法、数据分析和图的分割算法等。

目前常用的群体智能算法是粒子群算法和智能蚁群算法，其中智能蚁群算法包括蚁群优化算法、多机器人任务分配算法和蚁群聚类算法等。蚂蚁优化算法和粒子优化算法等为一些优化问题提供了新思路，许多学者在此基础上进行了扩展并加以完善，使其在解决某些问题方面体现出更好的性能。

4. 认知智能体

认知智能体是对人类深思熟虑行为的模拟，包括推理、规划、记忆、决策与知识学习等高级智能行为。机器将能够主动思考、理解并采取行动，实现全面辅助甚至替代人类工作。

（1）协同任务分配问题研究。随着诸如无人机、自治地面车辆和自治水下航行器等机器人智能体应用的增长，异构的网络化智能体编队被广泛应用于不同类型的自治使命任务，包括情报、监视、侦察行动，搜索与救援任务，压制敌防空系统或者对地攻击任务等。确保编队中不同智能体间恰当的协调与合作对有效、成功地完成使命至关重要。异构网络化编队自治的协同任务分配和规划方法是实现这一目标的基础。规划算法的目的是，将规定的使命任务在智能体之间进行分配，以优化整个使命效能，并在考虑使命代价、可用资源和网络约束的同时确保编队在空间和时间上的同步。通信系统、传感器以及嵌入式技术的进步，使得大规模编队的任务规划成为可能。然而，随着系统数目、组成部分以及使命任务的增加，大规模编队的任务规划将变得异常复杂。

多智能体协同任务分配问题的数学本质是一类复杂的组合优化问题，受使命环境、可用资源以及通信基础设施等客观因素，问题模型、目标函数及约束条件等主观因素的影响，问题的求解方式不同。

（2）路径规划算法研究。路径规划是 Agent 系统设计中研究的中心问题。它基于一定的性能指标，比如 Agent 在进行路径规划时所走的长度最短、利用路径规划算法进行路径搜索时所用的时间最少、路径规划完成之后 Agent 所消耗的能量最少等指标，在其任务区中搜寻出一条或多条从起始点到目标任务点的最优或近似最优路径。路径规划应用于各个方面，例如国防军事、抢险救灾、物流管理、道路交通、路由问题等。

当前的路径规划算法有很多种类别和方案，每种算法各有所长、各有所短，并且所适用的范围也大有不同。有的算法适用于二维空间，而有的算法适用于三维空间。有的算法灵活性好，但计算的路径并不太令人满意；而有的算法尽管灵活性差一些但所规划的路径却是令人满意的，有着较好的平滑度并且路径长度也较为合适。但是归根结底，其都可以划分为两类路径规划算法：一个是静态路径规划算法，另一个是动态路径规划算法。

静态路径规划是指 Agent 的传感器获取到的障碍物的信息是静态的，并且所处任务空间的信息状况是能够获得的，比如温度的高低、形态特征等信息，这个时候叫作静态路径规划。其主要算法有栅格法、可视图法、概率路径图法、拓扑法等。动态路径规划是指任务空间中障碍物信息只知道一部分或者完全不知道，传感器从任务空间中获取到的障碍物信息是动态的，所以被称为动态路径规划。其主要算法有人工势场法、模糊逻辑法、蚁群算法等。

5. 多智能体学习

我们已经描述了使用各种方法选择下一步行动的智能体程序。不过到目前为止我们还没有说明这些智能体程序是如何形成的。在图灵的一篇早期的著名论文中（1950），他考虑了通过人工实际编制程序实现他的智能机器的思想。他估计了这可能需要多少工作，结论是"看来需要某种更迅速的方法"。他提出的方法是建造学习机器，然后教育它们。在人工智能的许多领域，这是创造最新技术水平的系统的首选方法。学习还有另一个优点，如我们前面特别提到的，它使得智能体可以在初始未知的环境中运转，并逐渐变得比只具有初始知识的时候更有能力。

机器学习是智能体系统不断模拟人类学习的行为，在其本身的基本功能上获取新的功能，重新组织更新系统不断改善本身的性能，来完成更复杂的任务。多智能体系统的学习大致分为以下三个阶段：

（1）在学习开始之前收集数据阶段。

（2）单个智能体对局部信息的学习，通过通信将自己学习的部分与其他机器进行交互，从而实现共享信息。

（3）各个智能体综合所学习和共享获得的信息。

要实现多 Agent 系统的适应性，Agent 的自学习能力是不可缺少的。开放分布式多 Agent 系统的结构和功能都是非常复杂的，对于大部分应用而言，要想在设计阶段准确定义系统行为以使其适应各种需求是非常困难的，这就要求多 Agent 系统具有学习和自适应能力。具备学习能力已经成为智能系统的重要特征之一。

在多 Agent 系统中，有两种类型的学习方式：一种是集中的独立式学习，单个 Agent 创建新的知识结构或通过环境交互进行学习；另一种是分布式的汇集式学习，如一组 Agent 通过交换知识或观察其他 Agent 行为的学习。前者归于单个 Agent 的学习中，对于单 Agent 的模型构建具有重要的作用。多 Agent 系统的学习一般研究的是后者，在系统层面上对多 Agent 的整体学习机制进行探讨。

现有的智能学习方法，如监督学习、无监督学习和分层学习等机器学习方法在多 Agent 系统中都有应用。目前，在多 Agent 学习领域中，强化学习（Reinforcement Learning）和协商过程中引入学习机制引起了研究者越来越大的兴趣。强化学习结合了监督学习和动态编程两种技术，具有较强的机器学习能力，对于解决大规模复杂问题具有巨大的潜力。多 Agent 的学习机制往往融合在多 Agent 系统的模型和体系结构中，因此如何设计具备学习能力的多 Agent 系统是一个热门的研究课题。另外，关于多 Agent 学习的概念和原理，以及学习理论的分析都有待于进一步发展成熟。

多智能体系统通过学习可以更好地应对周围环境和各个智能体间复杂多变的情况，这些学习算法对于以后的研究都是具有重要意义的。

6. 多智能体通信

通信是智能体之间进行信息共享、任务分配和组织交互的基础。通过通信，智能体之间可以得到更多的环境信息和任务信息，并且获得其他智能体的意图和动作，从而更好地和其他智能体进行协调完成任务，提高协作效率，改善群体性能。一般来说，智能体之间的通信分为显式通信和隐式通信两种。

（1）通信决策。通信决策就是决策是否通信、何时通信，这是多智能体系统中的一个基本问题。虽然无偿通信（Free Communication）可以提高系统性能、降低系统的复杂性，但是实际上，通信不是无偿的，强迫智能体在每一时刻通信是对有限资源的浪费，而且也是不必要的，所以常常要降低通信的频率。

在分布式问题中，当通信具有代价时，通常难以搜索到最优通信策略。这个决策可以简单地表述为信息问题的价值。无论通信是采取状态信息、意图还是承诺的形式，这个被收集和传播的信息的价值都能够通过智能体性能的提升与通信的代价之间的差异来测量。最优的通信策略使得智能体在每一个时间步上选择使期望效用最大化的通信动作，就如同在马尔科夫决策过程中选择最优动作。

（2）通信代价。通信需要消耗资源，所以传送消息要付出一定的代价。通常，通信的代价被定义为消息集到回报的映射，对于所有的状态和消息这个回报是非正数。通信除了其正常的动作之外，通常都是代价很高的。在解的质量和通信代价之间进行权衡是当前多智能体系统学习和规划研究中的一个热点。

（3）通信的失败与恢复。从多机器人间的协调到分布式感知任务，移动机器人团队日益依赖通信网络。可是，通信是不可靠的。有限的带宽、干扰、视线的丢失是导致通信失败的原因。这些网络节点固有的移动性对于维持通信连接提出了大量挑战，为了成功实现团队的目标必须解决这些不可靠通信所带来的问题。

通常采用两种方法来处理不确定的通信信道问题：第一种方法是预先调整机器人的行

为，试图在发生问题前避免通信失败；第二种方法是一种反应式策略，即在通信失败发生时才处理这种状况。多数情况下，通过预先的方法避免通信失败是理想的方式，但却不可能实现，尤其是在需要机器人运行在只有少量或者没有先验知识的环境中。因为在这种环境里通信失败是不能预测的，所以开发和利用反应式方法才能实现团队成员间真正健壮的通信。为使这种反应式方法有效，团队成员必须能够及时地重建通信并且重新配置，以便重新组成网络后可以顺利地继续完成任务。此外，也有研究者研究通过维持视线网络来恢复通信的方法。

（4）通信语言。多智能体系统中的智能体必须能够彼此交互和通信。这通常需要一种公共语言，即智能体通信语言（ACL）。ACL 试图理解人类在日常境况下如何使用语言去实现日常任务，比如请求、命令、承诺等。

7. 多 Agent 协作

多智能体系统在表达实际系统时，通过各智能体间的通信、合作、互解、协调、调度、管理及控制来表达系统的结构、功能及行为特性。

单智能体获取信息、处理任务的能力有限，对于复杂的任务和多变的工作环境，单智能体更显得能力不足，此时人们希望通过多智能体的协调合作来完成单智能体无法或者难以完成的任务；同时，人们也希望通过多智能体协调合作来提高系统完成工作任务的效率，即使周围环境发生变化，多智能体间仍可按照规定的协作机制来保证工作任务的完成。随着智能体应用领域的不断扩展，对多智能体的协作合作研究日益引起了人们重视。

对单个 Agent 来说，它只关注自身的需求和目标，因而其设计和实现可以独立于其他 Agent。但在 MAS 中，Agent 不是孤立存在的，而是存在于由遵循某些社会规则的 Agent 所构成的 MAS 中，Agent 的行为必须满足某些预定的社会规范，不能为所欲为。Agent 间的这种相互依赖关系使得 Agent 间的交互以及协作方式对 Agent 的设计和实现具有相当大的制约性。基于不同的交互及协作机制，MAS 中的 Agent 的实现方式将各不相同。因此，研究 Agent 间的协作是研究和开发基于 Agent 的智能系统的必然要求。

多 Agent 协调是指具有不同目标的多个 Agent 对其目标、资源等进行合理安排，以协调各自行为，最大限度地实现各自目标。多 Agent 协作是指多个 Agent 通过协调各自的行为，合作完成共同的目标。多 Agent 系统可看作开放的分布式环境，其中一个 Agent 有时需要和其他 Agent 合作以构造复杂的规划，来完成它本身不能单独完成的任务。

在 BDI 模型的基础上，研究者提出了联合意图、社会承诺、合理性行为等描述或约束智能体协作行为的形式化定义。在多 Agent 系统的协作过程中，往往贯穿着决策和学习的思想。以对策论为框架的多 Agent 交互和协作，具有完备的理论体系和推导公理，应用对策过程的形式化实现智能体的自动推理过程。Markov 对策以 Nash 平衡点作为协作的目标，从而将智能体协作过程的收敛性和稳定性引入智能体协作研究中。对策论中的许多理论都可以用在多智能体协作的框架，例如元对策有着浓厚的心理学背景，与智能体的心智状态、推理能力可以结合起来。

总之，在多 Agent 协作环境中，Agent 的行为策略不仅要考虑自己的行为，还必须将自身的行为策略看作对其他智能体联合行为策略的最优反应。因此，将要研究的 Agent，不仅仅具有个体理性，而且具有集体理性。由这种智能体组成的多 Agent 系统，可以达到一种平衡的协作状态，从而使整个系统达到动态稳定和优化。

1.4　NetLogo 仿真工具

在开发和模拟多智能体系统或集群智能体系统时，有许多专门编写的计算机程序可供使用。本书主要使用 NetLogo 仿真工具。

NetLogo 是基于易于学习、使用和阅读的 Logo 编程语言的精神而创建的。这种语言也足够强大，能够处理复杂的并发问题。Logo 是由数学家（西摩·派珀特）在 20 世纪 60 年代中期开发的。那时，西摩正与华莱士·福尔泽格领导的 BBN 团队（原名博尔特、巴拉内克和纽曼）合作。NetLogo 的第一个实现是用 LISP（列表处理语言）编写的，并于 1967 年发布。Logo 最初的设计目的是向孩子们介绍编程的概念，从而发展更好的思维能力，并将其转移到其他环境中。它的目标是使初学者能够轻松进入，同时满足高级用户的需求。最著名的标志环境涉及海龟。海龟最初是一种坐在地板上的虚拟生物，通过接收用户或程序员的指令，它可以被引导四处移动。海龟被用来画形状、图案和图画。

NetLogo 是由 Wilensky 在 1999 年编写并发布的。它最初是由美国西北大学的连接学习和计算机建模中心开发的，目前正在该大学的连接学习和计算机建模中心进行持续开发。NetLogo 非常适合对时间依赖的复杂系统进行建模，并且允许用户向并发操作的成百上千个独立智能体发送指令。这使得我们有可能探索微观层面的个人行为与来自个体互动的宏观层面模式之间的联系。

NetLogo 是专门为在 Internet 上部署模型而设计的，它是用 Java 编写的，因此模型可以在所有主要的操作系统上运行。NetLogo 经过多年的迭代发展，是一款稳定、快速、成熟的仿真工具。

第2章 反应智能体

本章导读

本章讨论反应智能体。反应智能体指没有任何过去的概念，也没有任何对以前发生过的事情的记忆。其既不能形成记忆，也不能利用过去的经验来告知当前的决定。

本章介绍了复杂系统、面向自治的分布式计算、反应智能体、ABM建模等基本概念，阐述了扫地机器人和城市森林公园火灾扑救反应模型。

本章关键词

复杂系统；面向自治的分布式计算；反应智能体；ABM建模

2.1 复杂自组织系统

复杂系统呈现出高度的非线性、多态稳定性、时间不可逆性、分岔、突变、混沌、自组织、自适应、高度不确定性和实时性等特征，采用经典系统科学的理论和方法难以分析解释，由此诞生的一门科学称为复杂性系统科学，简称"复杂性科学"。复杂性科学，是以研究自然、社会的复杂性及复杂系统为核心，揭示其运作演变规律，体现出非线性、生成性、自组织性等特点，以及能够帮助我们对各种复杂现象取得更好理解以便加以控制的理论和方法的科学，被誉为"21世纪的科学"。

复杂性科学认为规则有序的现象是简单现象，"过于无序"的现象也是简单现象，而复杂则存在于有序与无序之间，复杂来源于简单。

复杂性科学的理论基础源自现代系统科学，是对现代系统科学的发展和深化，同时非线性科学中的许多理论方法是研究复杂系统的有力工具，复杂性科学也可看作非线性科学的凝聚和升华。复杂性科学与现代系统科学和非线性科学具有大致相同的研究对象，即相对于牛顿确定性简单系统而言的复杂系统。复杂性科学的一些核心理念和研究方法也来源于现代系统科学和非线性科学。

与经典科学相比，两者对自然界或人类社会的理解方式截然不同。经典科学将研究对象抽象成包含少量个体的简单系统或可以采用统计平均方法来研究的包含大量个体的简单系统，简单系统的个体遵循完美的自然规律进行精确的运动。复杂性科学则将研究对象看成具有如下核心特征的元素通过相互作用形成的具有高度组织性的系统。

（1）智能性和自适应性：系统内元素的行为遵循一定的规则，根据"环境"变化和接受信息来调整自身的状态和行为，并且各元素通常有能力根据各种信息调整规则和产生新规则。通过系统元素相对低等的智能行为，系统在整体上显现出有序性、组织性。

（2）中等数目的元素：复杂系统理论认为简单系统以及无组织的"复杂系统"都是简

单系统的不同形式，复杂性并不一定与系统的规模成正比，如果元素数目太大，将导致无法利用现有的数学方法和计算机工具来进行描述和计算，从而只能用统计方法去研究，成为一种简单系统。

（3）局部信息，没有中央控制：系统中的元素只能认知自身周围一定范围内的局部信息，并据此做出决策。任何智能体都无法获知其所在宏观系统的整体状态和行为。

首先介绍复杂系统、复杂适应系统和自组织系统。

1. 复杂系统

定义 2.1　复杂系统是由大量组分组成的网络，不存在中央控制，通过简单运作规则产生出复杂的集体行为和复杂的信息处理，并通过学习和进化产生适应性。

如果系统有组织的行为不存在内部和外部的控制者或领导者，则称之为自组织（Self-Organizing）。自组织是一个系统在内在机制的驱动下，自行从简单向复杂、从粗糙向细致方向发展，不断提高自身复杂度和精细度的过程。在自组织系统中，微观层次上一个相当简单的行为会导致整个系统形成复杂的组织。这种由于简单规则以难以预测的方式产生出系统的宏观行为的现象叫作涌现行为（Emergent Behavior），其成因至今仍不十分清楚。

尽管复杂系统在细节上很不相同，但从抽象层面上来看，它们有很多共性。

（1）复杂的集体行为：系统是由个体组分（蚂蚁、B 细胞、神经元、移动用户和车辆、无人机等）组成的大规模网络，个体一般都遵循相对简单的规则，不存在中央控制或领导者。大量个体的集体行为产生出了复杂、不断变化，而且难以预测的行为模式。

（2）信号和信息处理：系统利用来自内部和外部环境中的信息和信号，同时也产生信息和信号。

（3）适应性：系统通过学习和进化过程进行适应，即改变自身的行为以增加生存或成功的机会。

2. 复杂适应系统

人们每时每刻都处在并能看到许许多多的复杂系统，如蚁群、生态、胚胎、神经网络、人体免疫系统、计算机网络和全球经济系统。所有这些系统中，众多独立的要素在许多方面相互作用。在每种情况下，这些无穷无尽的相互作用使每个复杂系统作为一个整体产生了自发性的自组织。霍兰把这类复杂系统称为复杂适应系统。

复杂适应系统（Complex Adaptive System，CAS）是指经济、生态、免疫系统、胚胎、神经系统及计算机网络等系统的统称。CAS 理论是由美国霍兰（John Holland）教授于 1994 年在 Santa fe 研究所成立十周年时正式提出的。CAS 理论的提出给人们认识、理解、控制、管理复杂系统提供了新的思路。CAS 理论包括微观和宏观两个方面。在微观方面，CAS 理论的最基本的概念是具有适应能力的、主动的个体，简称"智能体"。这种智能体在与环境的交互作用中遵循一般的"刺激 - 反应模型"，所谓适应能力表现在它能够根据行为的效果修改自己的行为规则，以便更好地在客观环境中生存。在宏观方面，由这样的智能体组成的系统，将在智能体之间以及智能体与环境的相互作用中发展，表现出宏观系统中的分化、涌现等种种复杂的演化过程。由于 CAS 理论思想新颖、富有启发性，它已经在许多领域得到了应用，推动着人们对复杂系统的行为规律进行深入研究。

CAS 理论的最基本的思想就是将系统中的成员看作具有适应能力的、具有自身目的、主动的、积极的智能体。所谓具有适应能力，是指它能够与环境以及其他智能体进行交互作用。智能体在这种持续不断的交互作用过程中"学习"或"积累经验"，并且根据学到的经验改变自身的结构和行为方式。整个系统也因此产生演变或进化，包括新层次的产生、分化和多样性的出现，或形成新的、聚合的、更大的智能体等。正是由于智能体的这种主动性以及它与环境的反复相互作用，才推动了系统的不断发展和进化。

尽管在不同领域中存在着众多的复杂适应系统，并且每一个复杂适应系统都表现出各自独有的特征，但随着人们对复杂适应系统认识的不断深化，可以发现它们都具有以下4个主要特征。

（1）基于适应性的智能体。适应性智能体具有感知和效应的能力，自身有目的性、主动性和积极的"活性"，能够与环境及其他智能体随机进行交互作用，自动调整自身状态以适应环境，或与其他智能体进行合作或竞争，争取最大的生存空间和延续自身的利益。但它不是全知全能的或是永远不会犯错失败的，错误的预期和判断将导致它趋向消亡。因此，也正是智能体的适应性造就了纷繁复杂的系统复杂性。

（2）共同演化。适应性智能体从所得到的正反馈中加强它的存在，也给其延续带来了变化自己的机会，它可以从一种多样性统一形式转变为另一种多样性统一形式，这个具体过程就是智能体的演化。但适应性智能体不只是演化，而且是共同演化。共同演化产生了无数能够完美地相互适应并能够适应于其生存环境的适应性智能体，就像花朵靠蜜蜂的帮助来受精繁殖、蜜蜂靠花蜜来维持生命一样；共同演化是任何复杂适应系统突变和自组织的强大力量，并且共同演化都永远导向混沌的边缘。

（3）趋向混沌的边缘。复杂适应系统具有将秩序和混沌融入某种特殊平衡的能力，它的平衡点就是混沌的边缘，即一个系统中的各种要素从来没有静止在某一个状态中，但也没有动荡到会解体的地步。一方面，每个适应性智能体为了有利于自己的存在和连续，都会稍稍加强一些与对手的相互配合，这样就能很好地根据其他智能体的行动来调整自己，从而使整个系统在共同演化中向着混沌的边缘发展；另一方面，混沌的边缘远远不只是简单地介于完全有秩序的系统与完全无序的系统之间的区界，而是自我发展地进入特殊区界。在这个区界中，系统会产生涌现现象。

（4）产生涌现现象。涌现现象最为本质的特征是由小到大、由简入繁。复杂的行为并非出自复杂的基本结构，极为有趣的复杂行为是从极为简单的元素群中涌现出来的。生物体在共同进化过程中既合作又竞争，从而形成了协调精密的生态系统；原子通过形成相互间的化学键而寻找最小的能量形式，从而形成分子这个众所周知的涌现结构；人类通过相互间的买卖和贸易来满足自己的物质需要，从而创建了市场这个无处不见的涌现结构。涌现现象产生的根源是适应性智能体在某种或多种毫不相关的简单规则的支配下的相互作用。智能体间的相互作用是智能体适应规则的表现，这种相互作用具有耦合性的前后关联，而且更多地充满了非线性作用，使得涌现的整体行为比各部分行为的总和更为复杂。在涌现生成过程中，尽管规律本身不会改变，然而规律所决定的事物却会变化，因而会存在大量的不断生成的结构和模式。这些永恒新奇的结构和模式，不仅具有动态性还具有层次性，涌现能够在所生成的既有结构的基础上再生成具有更多组织层次的生成结构。也就是说，一种相对简单的涌现可以生成更高层次的涌现，涌现是复杂适应系统层级结构间整体宏观的动态现象。

3. 自组织系统

自组织理论是20世纪60年代末期开始建立并发展起来的一种系统理论。它的研究对象主要是复杂自组织系统（生命系统、社会系统）的形成和发展机制问题，即在一定条件下，系统是如何自动地由无序走向有序，由低级有序走向高级有序的。对于一个包含若干智能体的系统，如果这个系统具有某种结构和功能，那么称这个系统是有组织的。结构意味着这些智能体以一种特定的方法进行组织，而且相互之间通过特定的方式进行交互。功能是指整个系统可以达到某种特定的目标。

定义 2.2　在系统范围内具有适应能力的结构，并且智能体间具有简单的局部交互的功能，这样的系统可以称作自组织系统。

自组织系统是一类复杂系统。复杂自组织系统具有不同于传统确定性系统的特点，如大规模、分布式、异构、动态以及开放等。

自组织系统是具有涌现现象和自组织行为的系统。自组织是系统的一个动态的适应过程，在该过程中，系统在不受外界控制的情况下，通过自身内部个体的交互，获得或维持一定的结构。其中"结构"指时间、空间或功能上的一种结构。这一定义强调了自组织的动态过程。自组织系统一般具有以下复杂性特点。

（1）驻留环境的开放性。自组织系统通常驻留在开放的环境中，环境的变化不受系统控制并同时对系统的演化产生影响，系统需要通过不断调整和组织以适应环境变化。

（2）系统演化的适应性。系统总是向适应环境变化的方向调整，即演化的方向总是向系统适应环境变化并拥有一种时间、空间、功能上的格局。

（3）系统个体自治性，无集中控制。系统中的个体都是自治的，不受其他个体控制。

（4）涌现性。它是指系统通过内部元素的交互在系统整体上产生了新的属性、特征、性质、结构等。这些新特性无法从单个元素中体现。

2.2　反应智能体建模

2.2.1　纯反应型智能体

最基本的 AI 系统是纯反应型的，它既不能存储记忆也不能利用过去的经验来做决定。深蓝（Deep Blue）是 IBM 公司开发的国际象棋超级计算机，是这种类型机器的典型示例。它在 20 世纪 90 年代末曾击败了国际象棋大师 Garry Kasparov。

Deep Blue 可以识别棋盘上的每一个棋子，并知道每个棋子在如何移动。它还可以预测对手下一步会怎么走，并从可能性中选择自己最优的移动。但是它对于过去毫无概念，对于过去的事情没有任何记忆。Deep Blue 会忽略一切之前的时刻，它所做的就是关注当下棋盘上的棋子，并从目前来看可能的下一步动作中做出选择。

这种类型的智能需要计算机感知世界，并对它所见的东西做出相应的反应，它并不依赖内部固有的对世界的概念。在一篇开创性的文章中，AI 专家 Rodney Brooks 表示我们应该只开发这样的机器。他给出的主要原因是，人们不太擅长开发准确的"模拟世界"让计算机使用，即 AI 学界所称的现实世界的"表示（Representation）"。

目前的智能机器，要不就完全没有世界的概念，要不就是只有一个非常有限和专门的、与它特定功能相关的概念。Deep Blue 的设计创新点不是要拓展计算机的认知范围，相反，开发者研发了一种方法来将认知范围缩小，根据机器评估每一步棋的可能效果，直接去除一些不必要的选项。如果没有这项特殊能力，Deep Blue 则会需要一个更强大的计算机，来打败真正的人类棋手。

同样，Google 的 AlphaGo 也不会将所有可能的方法考虑在内，它的分析方式比 Deep Blue 的更为复杂巧妙，其利用了神经网络来分析棋局的走势。

这些方法确实使 AI 系统更好地具备了进行各类游戏的能力，但是它们不能轻易地改变功能，或被应用于其他情况。这些计算机化的想象力并没有广泛的世界概念，这也意味着它们的作用并不能超越其被设定的具体任务。它们不能互动地参与到人类世界中，虽然我们设想的 AI 系统有一天可以做到这一点。相反，这些机器将在每次遇到相同情况时，会给出完全一致的反应，这可以确保 AI 系统的可信赖性。但是，如果我们想要让机器真正地与世界接触，并对其做对应的不同反应，这是很难的。

2.2.2　ABM 建模的基本概念

考虑到自然界和人类社会中复杂系统的多样性，对一个复杂系统的建模是困难的。为此，我们将从三个方面来理解 ABM 模型：空间环境、个体、模拟推进。

大量的可移动个体在二维空间中交互作用，随着时间推进，微观个体的属性不断发生变化，系统的宏观特征也因此而变化。

本节将根据复杂系统的要素，即微观个体、环境、相互作用，详细阐述在 ABM 中，个体自治如何实现，个体的特征和行为规则如何定义，多个体并行相互作用的实现，环境的定义、系统在宏观上的涌出模式和自组织的度量等。

智能体在 NetLogo 中直接模拟。

NetLogo 使用的方法与面向智能体的编程语言和框架通常采用的基于逻辑的传统方法不同。它说明了面向智能体的方法在以非传统方式处理问题方面的威力，并具有克服开发有用的多智能体系统的一些障碍的潜力。

NetLogo 最初是由 Uri Wilensky 于 1999 年设计的，是一个跨平台的多智能体可编程建模环境，目前正在西北大学的 CCL（连接学习和计算机建模中心）进行持续开发。NetLogo 可以用于自然和社会现象的快速原型模拟。它的开发基于一种更早的面向图形的语言——Logo，其由 Seymour Papert 在 20 世纪 60 年代开发。与其他语言不同，传统面向智能体的编程语言不支持基于逻辑的形式主义。

NetLogo 采用事件驱动架构，尽管处于有限的二维（2D）网格环境中（一个具有 3D 网格环境的版本目前正在开发中），具有简单响应行为的智能体仍然可以生成非常复杂的模拟。

NetLogo 将其用于可视化模拟的环境描述为"世界"（换句话说，它将其环境与真实世界进行了类比）。这个世界是由"智能体"组成的。

1. 空间环境（虚拟世界）

环境是构建 ABM 的一个重要部分。个体都是生活在具有一定结构的环境中。环境提供了个体生活所需要的信息和资源，个体可以读取环境信息并且发布信息给环境，因此环境是动态变化的。

由于个体的作用都是局部的，因此环境的结构方式以及资源的分布方式对计算的结果也有很大的影响。在 NetLogo 中，空间环境包括由无数小方块组成的虚拟网格世界和实际地图场景两种类型。栅格法（网格法）将环境分解成一组网格单元，采用矩阵表示工作环境，每一个矩形栅格都有一个值与之对应，表示在该网格中存在障碍物，表示智能体可运动空间。每个网格的坐标用其中心点的位置坐标代替，将工作环境等分成 $M \times N$ 的小方格，障碍物用灰色网格表示（不足一格的按一格算），与可运行空间区别开。实际生产应用中常需要建立电子地图来表示工作环境。

在虚拟网格世界中，世界的本质是离散的。世界是由地块组成的二维网格，其基本区域称为地块（Patches）。每个地块是一块正方形的"地面"（Ground）。

例如。在汽车跟驰模型中，汽车处于一个二维的虚拟网格世界中，环境就是一条道路。通过将地块着不同的颜色，同时利用一些属性，模拟我们现实生活中的街区、道路、红绿灯。海龟，就是这里面可以移动的汽车。

定义 2.3 环境 ES 通过一个集合描述，ES= $\{es_1, es_2, \cdots, es_N\}$，其中每个 es_i 对应于一个静态或动态属性，N 为属性个数。在每个时刻，ES 也描述了环境 E 的当前状态。

如图 2.1 所示，为了让智能体识别障碍物，每个 es_i 对应于一个方格，将灰色网格单元用 "1" 表示，白色网格单元用 "0" 表示，这样，整个工作环境即表示为一个 $M \times N$ 的 0-1 矩阵表示。

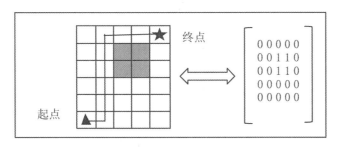

图 2.1 工作环境数学模型

2. 个体

世界上居住着被称为海龟的智能体，海龟是世界上可移动的实体。

智能体存在于它们的环境之中。环境是决定智能体行为的基础。面向智能体的系统的复杂性不仅是智能体与其他智能体交互的结果，也是智能体与环境交互的结果。虚拟环境是一个很好的测试人工智能系统的方法。

定义 2.4 个体是模型中包括状态 S、行为 B 和行为规则 R 等属性的实体（图 2.2）。

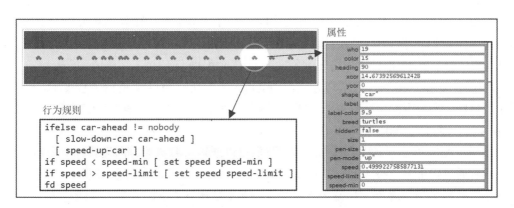

图 2.2 个体模型示意图

NetLogo 世界由个体（Agent）构成，个体能执行指令表现其行为。

接下来我们再看一下 NetLogo 中有哪些个体。

（1）Turtles（海龟，移动 Agent）——行为执行者。这些智能体程序可以独立于其他智能体程序在 NetLogo 世界中移动，并且可以显示不同的形状和颜色。指示智能体移动的指令只能用于海龟。

NetLogo 的汽车跟驰模型中，车辆就是一个 "海龟"，移动的个体。

（2）Patches（地块，静态 Agent）——这些都是固定的智能体，在 NetLogo 世界的网格中，每一个小方块都是这样的一个智能体。除了正方形，地块不能显示任何形状，但是每个地块都可以有自己的颜色。

（3）Observer（观察者，虚拟 Agent）——总是有这样一种智能体，我们可以把它看作 NetLogo 本身（实质上，观察者就是我们用户）。这个智能体并不显示在 NetLogo 世界中，但是它是唯一一个可以在模型中执行某些全局操作的智能体（例如执行 clear-all 命令）。

（4）Links（链，静态 Agent）——这些是连接一只海龟和另一只海龟的智能体。没有直接移动链接的指令；当端点上的一只或两只海龟移动时，链接就会移动（链接也可以配置为 tie，其中一个端点 turtle 的移动将强制另一个端点 turtle 移动）。链接可以是定向的，也可以是无定向的：对于无定向链接，我们不认为链接是从一只海龟到另一只海龟，而仅仅认为链接在这两只海龟之间。另一方面，定向链接总是从一只海龟到另一只海龟。

3. 个体状态

定义 2.5　个体的状态 S 被一组静态和动态属性刻画，即，$S=\{S_1,\cdots,S_N\}$。

个体的属性是个体内部的描述，是个体区别于其他个体的特征所在。个体的属性可以分为静态（固定）和动态属性。静态属性不可更新，例如个体的标识、内部基因等；动态属性可以更新，例如个体的位置、生命期、兴趣特征等。个体的属性可以被其他的局部临近个体进行查阅和调用，以作为其他局部个体的更新依据。

Agent 的状态被它的寿命以及它的当前位置、年龄和活动所刻画，其中寿命是预定义的和固定的；位置、年龄和活动是动态变化的。

（1）NetLogo 的 turtles 个体的属性。在 NetLogo 中创建的每个智能体都有特定的属性特征，我们可以查看 Patches 和 turtles 的属性，把鼠标箭头放在智能体上，右击，检查 Patches 和 turtles 的属性。turtles 是：who、color、heading、xcor、ycor、shape、label、label-color、breed、hidden、size、pen-size 和 pen-mode。

海龟是由它的 ID（它是 who 值）来标识的，而不是它的坐标（xcor，ycor）。该例中的 ID 号为 10。

海龟有颜色，图中的汽车颜色值为 105。在 NetLogo 中所有颜色对应一个数值。在这些练习里我们使用了颜色名，只是因为 NetLogo 认识 16 个不同的颜色名。这并不意味 NetLogo 只能分辨 16 种颜色，这些颜色之间的中间色也可使用。

heading 表示 NetLogo 角度和方向。NetLogo 中的所有角度都是指定角度的，方向是基于罗盘的方向，方向用度数表示（0°～360°）。值得注意的是，相对于某个智能体来说，0° 是"上"（即北），90° 是向右（即东），底部是 180°（南），左边是 270°（西）。

当指示海龟面对一个特定的方向时，我们可以通过将海龟的方向设置为所需的罗盘方向，或者通过告诉海龟按照所需的角度向左或向右转。我们还可以通过在 face 命令中指定第二个智能体来指示海龟面对另一个智能体，而不是计算所需的罗盘方向或转角。

海龟可以是可见的，也可以是隐藏的。此属性有一个布尔值：如果海龟被隐藏，则为 true，否则为 false。

（2）地块属性。NetLogo 的每个地块都有一些内置的数据属性，Patches 个体的属性比较简单，包括 pxcor（地块 x 坐标）、pycor（地块 y 坐标）、pcolor（地块颜色）、plabel（地块标记）和 plabel-color（地块标记颜色），注意地块变量前面都有字符 p。

4. 个体动作

定义 2.6　Agent 的本地动作是 $B=\{b_1,\cdots,b_N\}$。

Agent 的本地动作，如创生、前进、后退、左转、右转等，这些内置于 NetLogo 中的命令称为原语。在 NetLogo 中，命令在概念上等同于我们通常所说的语句，要执行的更改系统状态的动作的规范。NetLogo 的动作可以是系统内置的原语动作，例如 move-to、back（bk）、die、forward（fd）、jump、left（lt）、sprout 等，也可以是用户自定义的函数动作。

用户还要根据实际问题的需要，自己创建各种动作。在 NetLogo 中是用函数实现的。例如，在跟驰模型中，主要的动作就是加速和减速。

5. 个体行为规则

定义 2.7   Agent 的行为规则集是 R={r₁,…,r_N}。每个行为规则 r_i 是要选择一个或多个在每一步要执行的本地行为。

个体的规则是个体行为选择的依据。个体的行为选择模拟个体的决策机制。

个体的规则由条件（IF）和行为（Behavior）组成。每个规则形式如下：

Rule：   If 条件   then 行为

例如，在跟驰模型中，主要的行为规则就是：

Rule：if（前面有车）then 减速 else 加速

一旦个体的环境或者自身状态满足条件，个体将做出动作，改变自身状态或者对环境做出改变（例如蚂蚁个体中释放激素）。个体的规则按照作用不同可以分为改变自身状态规则和影响环境状态规则。

6. 个体邻居

定义 2.8   Agent 的邻居是一组实体 Ne={n₁,…,n_m}，每个邻居 n_i 和实体 e 之间的关系（例如距离）满足一个和应用相关的约束。

在不同 MAS 系统中，一个实体的邻居可以是固定的或动态改变的。

例如，在 Boids 系统中，在一个 Boid 的可视范围内其他 Boids 被视为它的邻居。因此 Boids 到处飞，它们的邻居随着时间动态变化。

海龟在自身周围形成了一个红色的"地块"。agentset in-radius number 返回原个体集合中那些与调用者距离小于等于 number 的个体形成的集合，可能包含调用者自身。与地块的距离根据地块中心计算。

7. 个体环境交互

地块可以与海龟和其他地块相互作用。地块的全部意义在于，它们提供了一个海龟可以与之互动的环境。turtle 能够直接访问所在之处的地块，并对该地块的属性进行读写。

8. 系统更新

ABM 系统是基于时钟的更新（Tick-based updates）。

在每个时间步，系统都根据规则更新自己的状态，ABM 的计算中所涉及的更新有环境结构更新、资源更新、个体状态更新等，这些更新一般都是根据个体的局部规则来确定。当网络内的个体完成了其动作，其将在局部更新环境和自身信息。

在 NetLogo 模拟中本质上是离散的：世界（空间）是离散的（网格、地块……），时间也是离散的。

NetLogo 中许多模型的时间是按小间隔推进的，一个小间隔叫滴答（ticks）。一般情况下希望每个滴答视图更新一次。这就是基于时钟更新的默认行为。如果需要额外的更新，可以使用 display 命令强制更新（如果使用速度滑动条快进，这些更新会被跳过）。

（1）滴答计数器（Tick counter）。NetLogo 现在有一个内置的滴答计数器，用来表示模拟时间的流逝。

使用 tick 命令推进该计数器，如果需要读取它的值，则通过报告器 ticks 返回计数器的当前值。clear-all 重设计数器，reset-ticks 也是如此。

（2）ticks 原语。NetLogo 内置 ticks 原语，报告时钟计数器的当前值。其结果总是一个数字，从不是负数。

模型中的初始化程序（setup）实现对模型初始状态的设置，生成所需的 turtles，设置其状态，以及其他工作。此时，ticks=0。

模拟执行通过程序 go 实现，在 go 程序中编写所需执行的各种指令，完成一个仿真步的工作（ticks = ticks + 1），时钟计数器前进 1。

需要在界面窗口中建立一个按钮与 go 程序相联系，该按钮是一个永久（forever）按钮，单击后将不断重复执行 go 程序，直到遇到 stop 指令或用户再次点击该按钮则模拟终止。

9. 宏观模式涌现

智能是一种涌现现象，即整体宏观态总是具有一些特别的属性，而这些属性并不存在于构成整体的微观态中，而这些整体的特殊属性又是依赖于微观态元素的相互作用而产生的。

比如前面的车辆跟随模型。这种"幽灵堵车"是涌现的，来自大量车辆个体间复杂的相互作用，我们开车行驶在路上，能够感知的范围是有限的。类似于二维世界的蚂蚁，每辆车辆的状态称为微观态，都不具有"车队"这个属性。但实际上我们仍然可以看到公路上二维世界的汽车所表现出的涌现智能，通过自组织机制在整体宏观态上涌现出"幽灵堵车"这种新的特征和功能。宏观态上可以涌现出微观态不具有的新属性，而这种新属性正是微观态综合作用的结果。

模式（pattern）：简单相互作用在宏观尺度形成一定模式。

涌现：模式从无到有的过程，如市场价格的形成、组织的诞生。

NetLogo 提供了丰富的样本模型（或程序），这些模型或程序模拟了许多领域中的自然或社会现象，如艺术、生物、化学与物理、计算机科学、地球科学、数学和社会科学。例如，狼羊捕食模型研究了捕食者 - 猎物生态系统的稳定性。在模拟中，有两种不同类型的品种（不同类型的海龟智能体）：狼、羊，以及草地。狼吃羊，羊吃草。根据启动条件［狼和羊的生殖率、数量，吃它们可获得多少能源，环境中的随机分布以及草 re-growth（再生）的时间］，模拟将产生一个不稳定的系统，或狼和羊灭绝，或者它将随着时间的推移形成一个稳定的系统。

NetLogo 提供了许多不同的模型，说明它采用的面向智能体的编程范式擅长以一种不复杂的方式对一系列令人惊讶的现象进行建模。例如，图 2.3 显示了模拟肿瘤生长的肿瘤模型以及它如何抵抗化学治疗。肿瘤由两种细胞组成：一种是由蓝色海龟代表的干细胞，另一种是由所有其他海龟代表的暂时性细胞。这幅图展示了细胞是如何向远处移动的，以及它是如何形成另一个肿瘤群体的，这个过程被称为转移，如图红色所示。

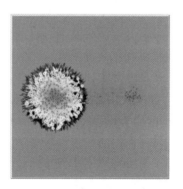

图 2.3　NetLogo 肿瘤模型

NetLogo 是一个很好的工具，它说明了一个原则，即复杂性可以来自单独应用简单反应行为的智能体之间的交互，但是总体而言，它表现出更多的东西，也就是说，系统作为一个整体要大于其各个部分的总和。

2.3 扫地机器人反应行为模型

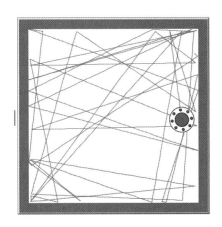

扫地机器人反应行为模型

1. 问题背景

扫地机器人可以避开障碍物，并可以通过简单的反应行为快速覆盖所有环境。

本模型模拟了一个扫地机器人，它的任务是清洁房间的地板。用户可以在环境中绘制障碍物，以更好地表现真实的生活环境。该模型实现了机器人的基本反应行为——一种使用简单的向前看机制，对前方的任何障碍物做出反应（图 2.4）。

图 2.4 扫地机器人清洁房间的地板

机器人 Agent 只是在环境中随机走动以避开障碍物。"向前看"行为是使用 NetLogo 的"patch-ahead"命令实现的，用来检查前面是否有任何障碍。如果有，它将随机转动一个方向。

该模型的目的是表明不需要使用复杂的方法来覆盖环境的整个空间，基于基本传感的随机行走的简单反应方法就足够了。

2. 模型设计

（1）智能体设计。设计扫地机器人智能体 robots。

（2）环境设计。

patches-own[dust]

初始化环境场景。setup 将设置具有外部边界的环境。一个 turtle 智能体（机器人）被创建并放置在一个随机位置。

setup-globals——设置全局变量。

set-patches——设置背景属性。

set-robot——创建机器人。

（3）算法设计。

make-move——机器人移动。

（4）实验参数设置（表 2-1）。

robot-size——设置机器人的大小。

robot-speed——机器人速度，控制 boid 的速度，即它每滴答向前移动多少。

rate-of-random-turn——随机转动率，控制机器人每次转动多少圈。机器人有向右转的倾向，因为随机向右转的概率是随机向左转概率的两倍。

boundary-width——边界宽度，设置在开始按下设置按钮时的边界宽度。边界与障碍物的颜色相同（棕色），因此机器人也会避开这个区域（通常情况下，但有时会像下面提到的那样被卡住）。

radius-length——半径长度，定义机器人向前看的数量。

表 2-1　主要模型参数表

参数名称	参数说明	取值范围
robot-size	机器人大小	2 ～ 10
robot-speed	机器人速度	0.1 ～ 5
rate-of-random-turn	随机转动率	0 ～ 100
boundary-width	边界宽度	1 ～ 10
radius-length	半径长度	0 ～ 20

3. 主要算法代码

运行过程，机器人四处走动清洁房间的地板。

```
to go
  if n = 0 [stop]
  ask robots [ make-move ]                 ;;3.1 调用机器人移动子过程
  tick
end
```

3.1 调用机器人移动子过程定义了机器人应该如何移动。这种行为来自"向前看"（Look Ahead）模型。机器人会直接向前看，看是否有障碍物，距离由半径长度确定，如果有，则随机旋转一个方向。

```
to make-move
  let this-patch patch-ahead radius-length
  ifelse (this-patch != nobody) and ([pcolor] of this-patch = obstacles-colour)[
    lt random-float 360                    ;; 看见前面有一块障碍物，旋转一个随机角度
  ][
    fd 1                                   ;; 否则，继续前进是安全的
    if dust = 1 [set dust 0 set n n - 1]
  ]
end
```

4. 模型运行结果

实验参数取值如下：

机器人大小：robot-size = 6。

机器人速度：robot-speed = 0.2。

随机转动率：rate-of-random-turn = 15。

边界宽度：boundary-width = 1。

半径长度：radius-length = 1。

用于监测所进行实验的灰尘数随时间变化变量如下：

dusts-num：剩余的灰尘数量。

运行结果和算法收敛过程如图 2.5 ～图 2.6 所示。

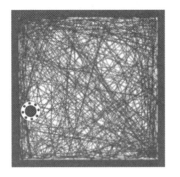

图 2.5 运行结果

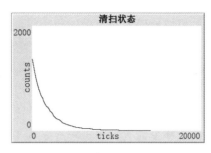

图 2.6 算法收敛过程

城市森林公园火灾扑救
反应行为模型

2.4 城市森林公园火灾扑救反应行为模型

1. 问题背景

为了探测和控制城市森林公园的火灾，一旦发现火灾，必须立即作出反应，以尽量减少火势的蔓延。对过去的森林火灾案例的初步研究表明，如果发现火灾后立即试图压制火灾，即使是用有限的手段，那么在许多情况下，森林火灾可以被阻止。

鉴于对城市森林公园的持续监测是一项艰巨的任务，即使发现火灾，地面消防单位也需要一定的时间才能到达火灾地点，为此，需要研究开发自动地面消防单位，这些部队将不断巡逻城市森林公园，并采取适当行动，即基于智能体的系统。这种系统由许多负责探测和灭火的智能体组成（图 2.7）。

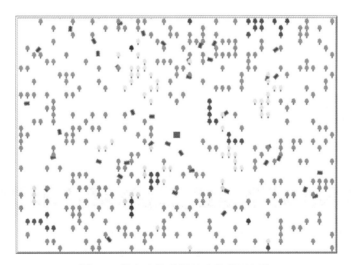

图 2.7 城市森林公园的森林模拟环境

这种系统由一些负责探测和扑灭火点的 Agent 组成。该 MAS 系统模型中，每个地面消防单位都作为一个反应智能体。正如布鲁克斯所提出的，每个智能体的整体行为是在包容架构中组织起来的个体行为的结果。每一个这样的行为都被表达为一个规则，它定义了当前世界所采取的行动过程，这是由一组传感器感知的。

在这种探测 / 抑制系统中，我们关注两个因素：

（1）死亡树木的数量，即灭火智能体不能及时扑灭的树木。

（2）获救树木的数量，即着火但灭火智能体成功扑灭的树木。

当然，一个理想的系统应该在灭火过程中出现最少的死树，这也是系统最终的目标。

上述应用场景的模拟模型包含：

（1）模拟地面消防单位的代码，即用于创建此类单位的初始总体消防单位数量（fire-units-num），多个传感器包括探测障碍物（detect-obstacle）和探测火灾（detect-fire）等，一些效应器如灭火（put-out-fire）、向前移动（move-ahead）、随机转弯（turn-randomly）等，以及在包容架构之后对智能体行为的初步实现。

（2）创建基地（红色地块）和设置无线电信号的代码，可以用来引导智能体进入基地。

（3）森林公园火灾模拟程序。模拟环境包括创建具有不同树数（tree-num）的初始森林环境、随机创建多个初始火点（number-of-fires）的机制以及火灾在林区蔓延的简单行为模型。在这个模拟中，每棵着火的树都会将火蔓延到相邻的树（如果有的话），并燃烧若干执行周期。如果火在多次循环后仍未熄灭，树就会死亡。

2. 模型设计

（1）智能体设计。设计智能体地面消防单位 units、trees，着火的树 fires 和获救的树 saved-trees。

地面消防单位 units 属性为 units-own [water]。

（2）环境设计。初始化环境场景：

setup-patches——设置场景。

setup-globals——设置全部变量。

start-signal——启动信号。信号是 patch 的属性（patch 变量），它的值与它到基地的距离成正比。

create-base——创建基地。创建加油 / 供水的基地，只需要求特定的地块改变颜色。

setup-trees——设置树木。

setup-units——设置单位。创建探测和扑灭火灾的单位。

（3）算法设计。

start-fire-probability——引发火灾的概率。

execute-behaviour——执行行为。

fire-model-behaviour——火灾模型行为。

（4）实验参数设置（表 2-2）。

表 2-2 主要模型参数表

参数名称	参数说明	取值范围
fire-units-num	消防单元数量	1 ~ 40
tree-num	树数量	100 ~ 400
number-of-fires	火点数量	1 ~ 40

3. 主要算法代码

这个 NetLogo 文件被分为设置模拟环境、地面消防单位行为、智能体过程、传感器、效应器（动作）和实用程序。运行实验过程（run-experiment）将一直执行，直到模拟中没有更多的火点且没有更多的火在燃烧。它将要求地面消防单位执行智能体的行为，并要求火势蔓延。

```
to run-experiment
```

```
if fires-left-in-sim <= 0 and not any? fires [stop]
   start-fire-probability                        ;;3.1 引发火灾的概率
   ask units [without-interruption [execute-behaviour]]      ;;3.2 执行行为
   ask fires [without-interruption [fire-model-behaviour]]   ;;3.3 火灾模型行为
end
```

3.1 引发火灾的概率子过程,这给出了一个模型,其中火点在不同的执行时间开始燃烧。

```
to start-fire-probability
   if not any? trees [set fires-left-in-sim 0 stop]
   if fires-left-in-sim > 0 [
      let p random 100
      if p < 10 and any? trees [
         ask one-of trees [ignite]          ;;3.3.1 火燃烧
         set fires-left-in-sim fires-left-in-sim - 1
      ]
   ]
end
```

3.2 执行行为子过程,该子过程确定地面智能体的行为。首先,地面消防单位将检测前方的障碍物,如果遇到障碍物,地面消防单位将执行动作(避开障碍物),否则停止执行。之后,地面消防单位将尝试探测火灾,步骤与探测障碍物相同。然后,地面消防单位将检查其携带的水量是否用完,如果该部队的供水耗尽,它将返回车站(即基地)并向该部队补给,然后返回继续灭火。

Agent 具有传感器、效应器(动作)和行为(反应性),被编码为反应性规则的智能体行为。

```
to execute-behaviour
   if detect-obstacle [ avoid-obstacle stop ]
      ;;3.2.1 detect-obstacle 如果检测障碍,则 3.2.2 avoid-obstacle 避开障碍物,扑灭火灾
   if detect-fire [put-out-fire stop]       ;;3.2.3 检测火灾, 3.2.4 扑灭火灾
   if need-water [reload-water stop]         ;;3.2.5 该单位需要水供应, 3.2.6 重新装水
   if true [ move-randomly stop ]            ;;3.2.7 如果为真,则随机移动
end
```

3.2.1 探测障碍物传感器 2 级子函数,探测设备前面的障碍物,障碍是火和其他单位。智能体可以穿过树。

```
to-report detect-obstacle
   ifelse any? fires in-cone 2 60 or any? other units in-cone 2 60
      [report true][report false]
end
```

3.2.2 避开障碍物行动 2 级子过程,为了避开障碍物而随意转弯。

```
to avoid-obstacle
   set heading heading + random 360
end
```

3.2.3 探测火点传感器 2 级子函数,检测单元附近的火灾(周围有 8 个地块)。

```
to-report detect-fire
   ifelse any? fires-on neighbors [ report true ] [ report false ]
end
```

3.2.4 扑灭火点行动 2 级子过程,扑灭附近的一场火点。因为可能有多个着火火点,8 个可能的邻居火点之一被扑灭。在每个操作中,它消耗一个单位的水。在灭火过程中,地面消防单位每救一棵树,它所带的水就减少一个单位。

```
to put-out-fire
    ask one-of fires-on neighbors [extinguish]          ;; 扑灭火点
    set water water - 1
    set saved-trees saved-trees + 1
end
```

3.2.5 需要水供应 2 级子函数，该单位需要水供应。另外，传感器需要水会检查地面消防单位是否耗尽了它携带的所有水，如果地面消防单位耗尽了所有的水，它会从蓝色变为白色。

```
to-report need-water
    ifelse water = 0 [set color grey report true][report false]
end
```

3.2.6 重新装填水 2 级子函数，当单位供水耗尽时重新装填，单位必须返回基站。在成功探测到地面部队需要水后，它将执行重新装载动作，并返回到基站进行补给。

```
to reload-water
    move-back-station               ;; 返回基站（base）
    service-unit                    ;; 向单元"充水"
end
```

3.2.7 随机移动 2 级子过程，先移动，然后随机转向。

```
to move-randomly
    move-ahead                      ;; 向前移动
    turn-randomly                   ;; 随机转动
end
```

3.3 火灾模型行为子过程，火燃烧一段时间后，着火的"树"就会死亡，时间由 patch 的颜色表示，在每个循环中淡出。经过几个周期后，当它的颜色接近黑色时，树就会死亡。

```
to fire-model-behaviour
    without-interruption [
        if any? trees-on neighbors [ask one-of trees-on neighbors [ ignite ]]    ;; 火燃烧
            set color color - 0.01
            if color < red - 4 [set dead-trees dead-trees + 1  die]
    ]
end
```

4. 模型运行结果

（1）各种参数结果随时间变化。在第一个实验中，实验参数取值如下：

地面消防单位数：fire units num = 5。

树数：tree num = 400。

火点数：fires number = 40。

用于监测所进行实验的各种参数结果随时间变化变量如下：

fires-left-in-sim：剩余的模拟火灾点数量。

saved-trees：获救的树木数量。

trees-left：未受影响的树木数量。

dead-trees：枯树的数量。

剩余的模拟着火点数量、获救的树数量、未受影响的树数和枯树的数量如图 2.8～图 2.11 所示。

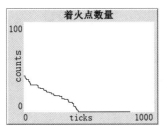

图 2.8 着火点数量

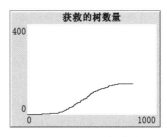

图 2.9 获救的树数量

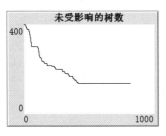

图 2.10 未受影响的树数

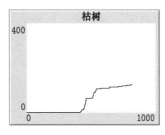

图 2.11 枯树的数量

（2）比较不同参数对模拟结果的影响。通过比较不同参数对模拟结果的影响，可以发现地面消防单位的数量是否有助于扑灭森林火灾，以及单位的速度对最终结果的影响程度。

下面是本实验的结果。根据需要，树数（tree-num）固定为 400，火灾数（fires-number）固定为 40。此外，地面消防单元数量（fire-units-num）只有三个选项，即 5、25 和 40。因此，唯一的动力因素是初始水，我们可以尽可能地调整它。从这些实验我们可以发现，在一开始的地面消防单位可以挽救大量的树木，即使在整个森林只有 5 个地面消防单位。但随着地面消防单位携带越来越多的水，它可以挽救的树木数量逐渐减少。同时，枯树数量增加。可以说，地面消防单位采取行动的速度比它们能携带的水量更重要。另外，通过本实验可以发现，地面消防单位的数量需要适当，并非总是单位数量越大越好。

5. 模型改进

（1）新型传感器。一种新的传感器能够探测最先发生森林火灾的地点。通过该传感器，地面消防单位可以获得第一次火灾的位置。与使用相邻解决方案（探测单位周围有 8 个地块火灾）相比，首次火灾传感器更准确和高效。

这个传感器将有足够的空间记住哪棵树（根据树的位置）已经死了，以及地面消防单位几分钟前拯救了哪棵树。通过这样做，地面消防单位智能体将不会去相同的冗余的地方，单位将只会去到仍然有可能被保存的树。这种传感器比普通的传感器节省更多的时间，同时也节约了大量的水资源。

（2）新型的行动。寻找最短路径，这种动作可以使用很多有效的算法。例如，像曼哈顿距离或 A* 搜索算法，使用最短路径到达第一个火灾位置（第一个火灾传感器）并扑灭火灾。首先，和随机行走相比，它可以节省大量的时间；其次，第一场火只能影响有限的树木，因此，它只能携带少量的水（这将增加单位速度）；最后，利用该最短路径解，从一开始就可以控制火灾区域。这就是为什么它可以提高智能体系统的效率。

（3）新型智能体。增加一种可以补充水分的智能体。首先，它不像固定在网格上的基地。供水智能体可以在地图上行走，也有与地面消防单位相同的传感器，如 avoid-obstacle、have-water、need-water 等。其次，供水智能体有传感器来检测哪个地面消防单位以后会消耗水。最后，它将移动到地面消防单位需要水的方向。此外，供水智能体也有其带水能力的限制，其速度也有限制。但与固定供水站相比，该智能体具有更大的灵活性。在以前的解决方案中，每个智能体都需要回到基站时水用完。根据该功能，无需每个单位每次都步行回到基站，只需找到离自己最近的供水智能体即可。

用反应 Agent 方法解决森林火灾问题有很多优点。首先，它是灵活的，可以改变任何参数来探索性能。此外，还可以添加其他智能体来提高系统复杂度。其次，这种模拟更真实，更自然地描述了地面智能体在森林火灾中的工作情况。最后，与在森林中进行实际测试相比，使用反应 Agent 方法可以节省更多的成本和时间。计算机可以像大多数计算机一样在几分钟内完成复杂的模拟。

该模型也有一些缺点。这种方法可以作为一种预测工具，而不是学习工具。而且，它所模拟的问题通常是有限的，它不能考虑到现实世界中所有的动态因素。此外，当需要处理的智能体数量较大时，执行速度会下降，这意味着有些问题无法用反应智能体方法解决。

第3章 一致性问题

本章导读

所谓一致性是指在不受全局信息的相互控制下，智能体凭借局部有限的相互作用更新自身状态，最终使得智能体的行为状态均趋于收敛的现象。其中，一致性的状态可能是位置、海拔、温度、速度等变量。一致性问题的出现主要源于合作控制问题，对于多智能体系统的合作控制问题，智能体之间共享信息是保证合作的一个前提条件。共享信息可以以多种形式出现，比如一个共同的目标、一种共同的控制算法、相对的位置信息，或者是一张世界地图。当一组智能体要合作共同去完成一项任务时，合作控制策略的有效性表现在，多智能体必须能够应对各种不可预知的形势和环境的改变。这就要求智能体随着环境的改变能够达到一致，因此，多智能体达到一致是实现协调合作控制的一个首要条件。

本章关键词

集体运动；编队队形；Boids 模型；人工势场；Couzin 模型；Vicsek 模型

3.1 集体运动和编队队形

3.1.1 集体运动与自组织

1. 集体运动

在自然界中，有无数的例子表明动物或昆虫聚集在一个大的群体中，以一种连贯的方式展示集体运动和自组织。这些模式在许多其他动物或昆虫迁徙行为的例子中也很明显，比如成群的羚羊和牛羚在非洲大草原上轰鸣，帝王蝶在夏末从北美洲向南迁徙到墨西哥中部偏远的山顶。根据当地的规则，这些看起来是协调和同步的，这是一个很有趣的发现。

很难相信，对于这样一个庞大的集团来说，不存在一个单一的实体或领导者来控制集团的行为。例如，在鸟群或鱼群中，在集群前面的鸟或鱼似乎领先，而其他的鸟或鱼则跟随。相反，大多数鸟群和鱼群是没有领导的。事实上，鸟群和鱼群的运动是由个别鸟或鱼的瞬间行为决定的。

2. 自组织

当群体中的每一个智能体都遵循简单的规则来响应邻里之间的动态交互时，就会出现有序的群体模式。这样的运动是群体自组织的一个典型例子。Camazine 等指出，自组织的主要特征是系统的组织或运动不明确地依赖于外部控制因素。换句话说，组织的出现完全是由于个人与环境之间的局部互动。组织也可以在空间或时间上进化，并且可以保持某种稳定的形式，或者可以表现为短暂的现象。

集群中自组织的一个例子是成群的鸟。Reynolds（1987）是最早模拟鸟类聚集行为的人之一。雷诺兹的基本集群算法是基于他称之为分离、对齐和凝聚的转向行为。

模拟的结果是建立了一个运动模型，模拟了自然界中各种各样的集群，例如鱼群。自 Reynolds（1987）的 Flocking 工作以来，有许多研究是与 Flocking 或集群算法相关并加以扩展的。如 Wilensky（1999），进一步发展了受 Boids 算法启发的模拟。Wilensky（1999）提出的算法（在下一节中描述）与原始的 Boids 算法非常相似，但并不完全相同。集群系统中的自组织是指自然界中广泛的模式形成过程，其中包括形成波纹状沙丘的沙粒、天空中排列有序的云朵、鸟类的群聚行为等。

Camazine 等提供了关于自我组织的"开放"定义。自组织是一个过程。在这个过程中，系统的全局层次的模式仅仅从系统底层组件之间的众多交互中出现。此外，指定系统组件之间交互的规则仅使用本地信息执行，而不引用全局模式。

密切研究昆虫的 Bonabeau 等更侧重于人类学方面，对自组织给出了另一种定义：自组织并不依赖个体复杂性来解释集群层面上出现的复杂时空特征，而是假设简单个体之间的相互作用可以产生高度结构化的集体行为。在自组织的集群系统中，模式的形成通常通过系统中个体的局部相互作用发生，而不受外部直接影响的干预。

有 4 个基本要素可能有助于理解自组织系统：交互、波动性和随机性的放大、正反馈以及负反馈。

（1）交互。交互是自组织系统的主要组成部分，也是自组织系统的基本要求。在本质上，交互是需要的，以允许智能体获得用于确定响应的信息。从交互中获得信息是与最近的邻居或它的环境进行某种通信的结果。以群居鸟类为例，最简单的情况是，在相互作用中获得的局部信息仅仅是附近其他鸟类的相对位置。这些信息是直接收集的，不需要直接沟通。鸟与鸟的交流，鸟类也没有必要在环境中留下某种"标记"来与鸟群中的其他鸟类交流。在觅食的情况下，蚂蚁也不需要与其他个体直接交流。然而，蚂蚁会在它们的足迹中留下一种叫作信息素的化学物质，作为与其他蚂蚁交流的环境标记。在这样的情况下（蚂蚁觅食和鸟类成群结队），说明在互动中只有通过间接的交流才能足以产生复杂的行为。在许多其他情况下，信息通常通过直接交流来传递。这类互动的一个著名例子是一些种类的蜜蜂的舞蹈表演。当一只蜜蜂觅食后返回蜂巢时，它会表演一段舞蹈，传递关于花蜜来源的大致位置的信息。

（2）波动和随机性的放大。在生物系统中，随机波动（Random Fluctuation）是提升自组织性能的常见成分。许多这样的系统实际上在某种程度上依赖于某些随机元素来获得行为灵活性。波动和随机性的放大（Amplification）往往导致新解的发现。此外，这些波动还将像种子一样，使新的解决方案和结构得以生长。随机波动的一个常见例子是蚁群的随机轨迹跟随（Stochastic Trail Following）。在开始的时候，由于地面上信息素的浓度低，蚂蚁会不完美地跟随足迹（Deneubourg，1983）。但是，当一只蚂蚁失去了踪迹，在环境中迷路时，这只蚂蚁有可能找到一个未被发现的食物来源。新发现的食物可能是比目前集群利用的更好的食物来源。从这个例子可以看出，随机波动对集群系统也是至关重要的。

（3）正反馈。自组织系统中的另一个常见成分是正反馈（Positive Feedback）或累积因果（Cumulative Causation）关系。正反馈通过在同一方向上加强系统，从而促进系统的根本改变。正反馈的一个常见例子是蚂蚁可以在上一只蚂蚁的足迹中再次发现食物。当一只蚂蚁找到食物时，它会在返回巢穴时留下一条信息素踪迹。其他找到这条线索的蚂蚁会沿着这条线索找到食物来源，并在返回巢穴时巩固最初的线索。正反馈的结果是，使用这条路线的蚂蚁越多，信息素的浓度就越高。

（4）负反馈。在自组织系统中，负反馈（Negative Feedback）是正反馈作用的一种平衡机制。在自然界中，自催化过程（Autocatalytic Process）在大多数情况下通常需要一个相反的力，否则该系统将会使用大量的资源来催化一个单一的特定活性（Particular Activity）。负反馈通常是由于有限的个体或资源的消耗而产生的。在集群系统中，负反馈的形式可能是饱和、疲劳、过度拥挤，甚至个体内部的竞争。在蚂蚁觅食的情况下，负反馈会来自食物的枯竭、食物源的过度拥挤、两个或多个食物源之间的竞争、可利用蚂蚁的数量有限等。

由于对自组织没有一个独特的或令人满意的定义，上面的概括总结可作为一组启发式规则来设计或发现一个自组织系统。

在缺乏自组织的系统中，秩序（Order）或组织可以以许多不同的方式强加于它们。秩序不仅可以通过监督团队的存在来实现，还可以通过各种指示来实现，比如环境中已经存在的模式。

3.1.2 模式和聚集

1. 模式

从一开始，人类就着迷于周围出现的规律的自然模式——群居的昆虫觅食，更不用说成群的鸟类、羊群。来自物理系统的例子，如有序排列的云和沙波浪状的模式。

在生物系统中，同一物种的动物群体似乎是以一个单一的单位做整体运动，在一瞬间改变了方向，这使得一些研究人员相信，其一定涉及某种交流，甚至"思想转移"。实际上，这种行为并不那么神秘。许多人相信鸟类一定有领袖。在鸟群前面的鸟领路，其他的鸟跟着走。但是，事实上，大多数鸟群根本没有一个领袖，没有全面的控制；相反，鸟群的运动是由单只鸟的瞬间行为决定的。

鸟类在与它们的邻居互动时遵循简单的规则。有序的集群模式产生于这些简单的规则，对其邻居的运动做出反应。没有一只鸟能感知整个鸟群的模式。集群没有协调鸟来协调，也没有组织者来组织。

2. 聚集

为什么动物会聚集（Aggregate）在一起？最常见的原因似乎是防御捕食者。多只眼睛在一起可以确保至少有一些能在其他眼睛觅食、休息或向相反方向看时发现捕食者。Parrish 和 Edelstein-Keshet 指出，聚集实际上是一种进化过程中的有利状态：因为聚集可以减少新生儿和幼体被捕食者杀死的机会，从而使物种的繁殖得以继续。聚集也有助于寻找食物。在这里，大量的个体比单个个体有更强的感知和搜索（Sense and Search）能力。

1975 年，鲍威尔进行了一次鸟类聚集实验，他把一些欧椋鸟（鸟类的一种）放在鸟舍里。然后，他把一些单独的鸟和一些大约 10 只的一群鸟分开。他做了一个人工鹰，让它飞过欧椋鸟上空，并注意到单独飞行的鸟类比成群飞行的鸟类需要更长的时间做出反应。他得出的结论是，即使欧椋鸟独自觅食在某些方面可能是有利的，但对它们来说，最好是集体觅食，轮流寻找捕食者，因为它们将能够在危险中做出更快的反应。

鱼群在捕食者攻击时所采取的一些反捕食策略，如分裂、连接和液泡（Split, Join and Vacuole），是鱼群中最有趣的行为。移动信息的另一个好处是稀释效应（Dilution Effect）。稀释效应很简单，集群规模越大，每个个体被攻击的概率就越小。Krause 强调奇怪的个体首先受到攻击；然而，这并不意味着每个个体都在为进入集群中最安全的位置而战斗。1994 年，克雷斯韦尔观察并研究了一种叫作红山雀的鸟类的行为。他发现，一旦鸟群达到一定数量，警惕性就不再对鸟群产生如此重要的影响。他还意识到，个体很难被掠食者单独挑出来攻击，有时候，通过待在一起，它甚至可以吓退掠食者。

在大鸟如鹅和鹈鹕排成 V 形飞行的特殊情况下，有一种能量优势，因为后面的鸟可以利用它们前面的鸟产生的空气涡流。虽然这样的阵形显然有领导者，但这些都是暂时的。因为领头的鸟不会从它的位置获得任何能量优势，它会在一段时间后落下来，而另一只鸟领先。目前还不清楚鸟群的成员是否会轮流这样做，不过有可能是较大、较强壮的鸟在很大的比例上处于领先地位。另外，V 形可能反映了一种机制，鸟类通过这种机制避免与其他鸟类碰撞，并一直保持视觉接触。

3.1.3 有组织队形

一组机器人中的有组织队形问题可以描述为机器人协调形成并保持某种形状的队形，例如形成一条直线。这一问题的解决方案目前正应用于搜救，空间和偏远地形探测，排雷，无人机、卫星控制等领域。

由于个体之间的集体合作行为，各种动物物种也表现出有组织的模式形成。Couzin 和 Krause 指出，当集群中的每个实体在运动时保持特定的距离和方向时，就会产生有组织的编队。鸟类成群结队，鱼类成群结队，角马迁徙，都是这种有组织的构造的例子。

有关组织架构的研究可大致分为两类：集中架构和分散架构。集中架构的组织是指存在一个或更多的实体，作为监督者或控制者，可以监督整个团队并相应地指挥团队中的每个个体。集中架构的组织的一个著名的生物学例子是牧羊犬的系统，在这个系统中，系统扮演了一个控制器的角色，控制和保护羊群的移动。

分散架构的组织中，没有控制者或监督者来控制每个个体的组织和协调。集群中的每一个个体通常会根据邻近区域的物理线索，反应性地计划自己的下一步行动。这些物理线索可以是环境中的任何东西，如障碍物，其他个体在邻近范围内，或可能是光的强度。这类组织形式有蚂蚁成线、鸟类成群和鱼类成群。

3.1.4 Boids 模型

Boids 是由 Craig Reynolds 于 1986 年开发的人工生命项目，以模拟鸟类的群聚行为。

与大多数人工生命模拟一样，Boids 是涌现（Emergent）行为的一个例子；也就是说，Boids 的复杂性源于各个智能体，它们遵循一系列简单规则的交互。最简单的 Boids 世界中的基础规则如下：

（1）避免（Avoid）：个体为了避免碰撞而相互分离，移开以免距离太近。

（2）模仿（Imitate）：调整个体的方向为最近邻个体的方向的平均值，以附近其他单元的平均方向 / 速度飞行。

（3）中心（Center）：个体移动到最近邻个体的中心位置，朝向群体中心，最大限度地减少对外部的暴露。

还可以添加更复杂的规则，例如避障和追求目标。

一个 Boid 单元的当前速度计算公式如下：

$$V_{new} = uV_{old} + (1-u)w_aV_{avoid} + w_iV_{imitate} + w_cV_{center} \tag{3-1}$$

式中：V_{new} 和 V_{old} 是前后运动的速度向量；w_a、w_i、w_c 是权重因子，分离权重大于仿效和凝聚权重；u 是动量因子。

Boids 是复杂系统的典型例子，由简单的智能体之间的响应式互动，通过局部空间配置或响应环境，产生了连贯的集体行为。每个智能体的行为都由行为规则之间的相互作用产生，多智能体系统的行为来自许多智能体与环境的交互，如图 3.1 所示。

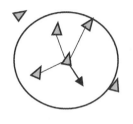 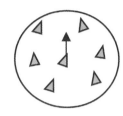 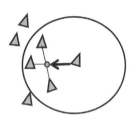

（a）避免 （b）模仿 （c）中心

图 3.1 Boids 模型的三个规则

对多个体系统的模型研究进展进行梳理，可以看出，Reynolds（Boids）模型是多个体系统模型研究的基础，其改进也是根据不同目的而开展工作的。

每个个体能够在整个 3D 空间中运动，但是每个个体能感知到的区域是有限的。如图 3.2 所示，个体能感知到的是一个扇形区域，该扇形区域是由角度和半径两个因素决定的。

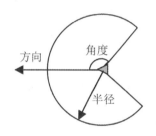

图 3.2 Boids 中个体感知范围

3.1.5 Couzin 模型

美国普林斯顿大学副教授 Couzin 等于 2002 年将 Boids 模型用数学模型进行了精确的描述。

设系统由 N 个个体组成，它们的位置和速度矢量分别为 X_i，V_i，每个个体在三维空间中按照恒定的速度 v 运动，为个体在时刻的预期方向。在每一时刻 t，每个个体可以感知到三个不重叠的区域中其他个体的位置和角度，这些信息用于计算，这三个区域分别为：排斥区域（zone of repulsion，zor）、一致区域（zone of orientation，zoo）、吸引区域（zone of attraction，zoa），也叫 Three-Circle 模型。其模型的三个区域如图 3.3 所示。

Boids 模型所体现的类似生物运动的特性是该模型最重要的特点，虽然模型中个体的运动速度大小恒定且不考虑运动个体的视野角度问题。生物群体中个体对于整体的依赖以及对自身生存所必要的自主空间的要求在模型中都有很好的体现。

而 Couzin 建立的三层 Boid 模型通过改变排斥区、适应区和吸引区的大小，可以很好地模拟不同生物群体的运动及相同生物群体在不同条件下的运动规则。模型模拟所涌现的各种集群运动现象可在实际生物运动中尤其是鱼群中得到很好的印证。

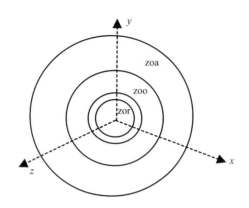

图 3.3　Couzin 模型

Boids 模型是在研究鱼群的运动中提出的，它来源于对自然界生物的观察。它可以解释生物群体的群聚、同步以及形成圆环的现象，对揭示这些现象背后的本质联系具有重大的意义。但模型中个体间的作用机制较复杂，而且不能解释其他更复杂的群体行为（如避障）。

智能体实现了 Couzin 等在论文《动物群体中的集体记忆和空间排序》中描述的动态性。

（1）个体在任何时候都试图保持自己和他人之间的最小距离。这条规则具有最高优先级，并符合自然界中经常观察到的动物行为。

（2）如果个体没有采取避免策略（规则 1），它们往往会被其他个体吸引（以避免被孤立），并与邻居结盟。这些行为倾向是用本地的感知和简单的反应行为来模拟的。

该模型用于显示个体之间的差异如何影响群体结构，以及个体如何使用简单、局部的经验法则，在缺乏关于其当前在群体中（例如移动到中心、前部或外围）的整体位置信息的情况下，准确地改变其在群体中的空间位置。

3.2　基于人工势场法的机器人避障模型

基于人工势场的机器人
避障模型

1. 问题背景

人工势场法（Artificial Potential Field Method）是指在工作环境中构造人工势场，终点对智能体具有吸引力，障碍物对智能体具有排斥力，使智能体能躲避所有障碍物，直到到达终点。这类方法的避障性能优良，但是容易造成智能体运行不稳，且极易陷入局部最小点。

人工势场法是局部路径规划的一种比较常用的方法。这种方法假设机器人在一种虚拟力场下运动。物体的初始点在一个较高的"山头"上，要到达的目标点在"山脚"下，这就形成了一种势场，物体在这种势的引导下，避开障碍物，到达目标点。

人工势场包括引力场和斥力场，其中目标点对物体产生引力，引导物体朝向其运动（类似于 A* 算法中的启发函数 h）；障碍物对物体产生斥力，避免物体与之发生碰撞。物体在路径上每一点所受的合力等于这一点所有斥力和引力的和。这里的关键是如何构建引力场和斥力场。

人工势场法是一种典型的在线路径算法。其运用了"水往低处流"的思想，很自然地能够理解车辆路径的产生规律。

该模型模拟带有的障碍物和目标的 Flocking。在此仿真中，可以在仿真前和仿真过程中绘制障碍物。这里的障碍（树）是在我们每次设置模拟时随机生成的。右侧红色区域是目标点，而左侧 [-30,0] 是我们的初始位置。Boids 向目标移动，鸟群会在靠近目标时尽量避开它们。鸟群被目标的势场所吸引。这些鸟的首要任务是避开障碍物。尽管如此，在程序运行之后，这些鸟会立即形成队形并在势场的影响下沿着一条路径飞向目标。在图 3.4 中自左至右距离目标越近势场越大。

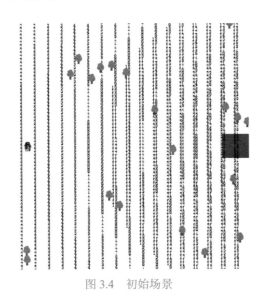

图 3.4 初始场景

2. 模型设计

（1）智能体设计。

设计智能体 boids、trees。

相关的属性定义如下：

```
boids-own [
    flockmates                    ;; 视野内的鸟
    nearest-neighbor              ;; 最近的邻居
    isMobile                      ;; turtle 是否移动
]
```

（2）环境设计。

定义 patches：

```
patches-own  [
    field                         ;; 人工势场
    dest-val                      ;; 目标值
]
```

初始化场景环境：

create-world——创建场景世界。

create-tree——创建树。

（3）算法设计。

go-to-target——3.1 去向目标。

avoid-tree——3.2 避开树。

Flock——3.3 给每只鸟调整一下方向。

（4）实验参数设置（表3-1）。

表3-1　主要模型参数

参数名称	参数说明	取值范围
birdNum	机器人数量	1 ～ 1000
vision	视觉范围	0 ～ 10
minimum-separation	最近分隔距离	0 ～ 5
max-align-turn	最大合群转角	0 ～ 20
max-cohere-turn	最大靠近转角	0 ～ 20
max-separate-turn	最大分离转角	0 ～ 20

3. 主要算法代码

运行过程。

```
to go
    if all? boids [isMobile = false] [stop]
    go-to-target                              ;;3.1 去向目标
    ask boids [
        ifelse count trees in-cone tree-dist tree-sight-cone > 0 [   ;; 感知到视觉范围内有树
            avoid-tree                        ;;3.2 避开树
        ] [
            Flock                             ;;3.3 给每只鸟调整一下方向 adjust-heading
        ]
    ]
    repeat 5 [ ask boids [ fd 0.2 ] display ]     ;; 用来使海龟的动画更流畅
    tick
end
```

3.1 去向目标子过程，isMobile 为真时，找出前面哪块区域的势场值最高，然后把海龟带到那里。

```
to go-to-target
    let ahead 0
    let left-and-ahead 0
    let right-and-ahead 0
    ask boids [
        ifelse pen? [pd][pu]
        if pcolor = red [set isMobile false]
            if isMobile  [
                ifelse patch-ahead 1 != nobody [   ;; 前面 1 个 patch 未到达边界
                    set ahead [field] of patch-ahead 1
                ][   ;; 到达边界
                    set ahead 0 rt random 100 fd 1
                ]
                ifelse patch-left-and-ahead 30 1 != nobody [   ;; 左前面 30 度方向、1 个 patch 距离未到达边界
                    set left-and-ahead [field] of patch-left-and-ahead 30 1
                ][
                    set left-and-ahead 0
                ]
            ifelse patch-right-and-ahead 30 1 != nobody [   ;; 右前面 30 度方向、1 个 patch 距离未到达边界
                set right-and-ahead [field] of patch-right-and-ahead 30 1
```

```
        ][
            set right-and-ahead 0
        ]
        if (right-and-ahead > left-and-ahead and right-and-ahead > ahead)[
            rt 30 fd 1
        ]

        ]
    ]
end
```

3.2 避开树子过程。

```
to avoid-tree
    let near-trees sort-by [ [a b] -> [distance self] of a < [distance self] of b ]
                            trees in-cone tree-dist tree-sight-cone    ;; 将最近的树排序
    foreach near-trees [[x]->
        let tree-heading towards x
        let angle 0
        ifelse heading > towards x [
            set angle (tree-heading - 90) ;(towards ? - 90)
        ] [
            set angle (tree-heading + 90) ;(towards ? + 90)
        ]
        turn-away angle max-tree-turn *
            (1 - (distance x / (tree-dist * (position x near-trees + 1))))
    ]
end
```

4. 模型运行结果

实验参数取值如下：

机器人数量：birdNum = 10。

视觉范围：vision = 3patches。

最近分隔距离：minimum-separation = 1patches。

最大合群转角：max-align-turn = 5patches。

最大靠近转角：max-cohere-turn = 3patches。

最大分离转角：max-separate-turn = 1.5patches。

用于监测所进行实验的机器人到达目标数量随时间变化的变量如下：

robots-num：机器人到达目标数量。

运行结果和算法收敛过程如图 3.5 ～图 3.6 所示。

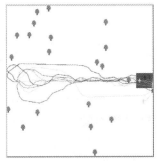

图 3.5 运行结果

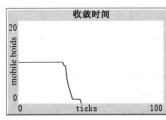

图 3.6 算法收敛过程

3.3　无人机追捕逃犯模型

1. 问题背景

据媒体报道，有一名罪犯多次试图越狱，最终逃脱成功，警方多次追捕都没有成功，也没有锁定他的位置。警方最终将其藏匿地点锁定在大山中，因为山上的地势优势以及丛林茂密，几乎无法搜寻到人的踪迹，而且山上没有网络，信号也不好，和外界几乎是断联的状态，想找到一个人太难了。根据实际情况，案发第二天，由技术专家携带三架高科技红外线无人机赶赴大山深处，展开高空搜寻。面对山林绵延、沟壑纵横、复杂的地理环境，专家组将无人机放飞到 400 多米的高度，遥控器屏幕中山林中的树木及山体一览无遗。两架多旋翼无人机升至 400 米高空，利用机身上的专业 5 镜头相机拍摄高分辨率、带真实纹理的实景三维模型，可真实还原山中现状及周边环境，在计算机前实现立体成像、数字化运算，令人"身临其境"。另一架无人机根据指令，承担空中搜寻任务。当晚 8 点多，嫌疑人踪迹被系统发现并自动预警。

基于上述背景，设计了无人机追捕逃犯模型。该模型描述了多个逃犯在受到无人机追捕时的行为。该模型通过模拟追捕无人机的群集机制，解释了逃犯的视觉和距离以及无人机的捕猎成功率的影响（图 3.7）。逃犯和无人机都观察各自所处的环境。当捕食者总是移动或捕猎时，逃犯移动并观察无人机的环境。根据与捕食者的距离，逃犯要么和其他逃犯一起在附近的环境中，要么试图逃离无人机。

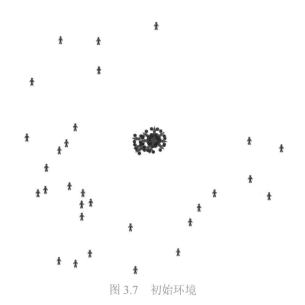

图 3.7　初始环境

2. 模型设计

（1）智能体设计。

设计智能体 drones、persons。

```
persons-own [
    flockmates            ;; 视野内的逃犯，逃犯的感知范围
    next-flockmate        ;; 最近的邻伴
    flock-distance        ;; 聚集距离
    flee-distance         ;; 逃离距离
```

```
    person-viewing-distance              ;; 逃犯视觉距离
    person-viewing-angle                 ;; 逃犯视觉角度
]
drones-own [
    drone-viewing-distance               ;; 无人机视觉距离
    drone-viewing-angle                  ;; 无人机视觉角度
]
```

（2）环境设计。

初始化环境场景：

make-drone——创建无人机群。设置无人机的大小、颜色、位置，还有自带的属性。

make-person——创建个体人群。设置人的大小、颜色、位置，还有自带的属性。

（3）算法设计。

observe-for-predators——3.1 感知。

flock——3.2 蜂拥算法，给每个逃犯调整一下方向。

flee——3.3 逃离。

move——3.4 移动。

hunt——3.5 寻找。

（4）实验参数设置（表 3-2）。

表 3-2　主要模型参数

参数名称	参数说明	取值范围
number-drone	无人机数量	0 ~ 100
number-person	逃犯数量	0 ~ 100
vision	视觉距离	1 ~ 10
minimum-separation	最小距离	0 ~ 10
hunter-success-rate	追捕成功率	0 ~ 100
movement-speed	移动速度	0 ~ 1

3. 主要算法代码

主运行过程，每一个时间步，逃犯通过观察，聚集或逃离，无人机寻找猎物。

```
to go
    ask persons [
        if observe-for-predators flock-distance [flock]    ;;3.1 感知并 3.2 聚集
        if observe-for-predators flee-distance [flee]      ;;3.1 感知并 3.3 逃离
        move                                               ;;3.4 移动
    ]
    ask drones [
        hunt                                               ;;3.5 寻找猎物
        move                                               ;;3.4 移动
    ]
    tick
end
```

3.1 感知子过程。

```
to-report observe-for-predators [viewing-distance]
    let predators (drones in-cone viewing-distance 360)
```

```
ifelse any? predators [
    report true
] [
    report false
]
end
```

3.2 聚集子过程，给每个逃犯调整一下方向，所以整个程序的重点是怎么转向。调用 2 级子过程 3.2.1 turn，2 级子函数 3.2.2 average-flockmate-heading 和 2 级子函数 3.2.3 average-heading-towards-flockmates。

```
to flock
    set flockmates other persons in-radius vision   ;; 设置视觉范围内的其他逃犯邻伴
    if any? flockmates [  ;; 如果邻伴存在的话
      set next-flockmate min-one-of flockmates [distance myself]  ;; 找到最近的邻伴
      ifelse distance next-flockmate < minimum-separation [  ;; 与邻伴距离感到拥挤
        turn (subtract-headings heading ([heading] of next-flockmate))   ;;3.2.1 separate 远离子过程
      ] [
        turn (subtract-headings average-flockmate-heading heading)   ;;3.2.2 align 对齐子过程
        turn (subtract-headings average-heading-towards-flockmates heading)   ;;3.2.3 cohere 靠近
      ]
    ]
end
```

3.3 逃离子过程。

```
to flee
    let predator min-one-of (drones in-cone flee-distance person-viewing-angle) [distance myself]
    turn (subtract-headings heading ([towards myself + 180] of predator))
end
```

3.4 移动子过程。

```
to move
    rt random 50
    lt random 50
    fd 1   ;; 要调整每个逃犯的方向，调整完之后，每个逃犯往前 1 个单位
end
```

3.5 寻找猎物子过程。

```
to hunt
    let found-group-of-prey (persons in-cone 12 110)
    if any? found-group-of-prey [
      let prey one-of found-group-of-prey
      set heading (towards prey)
      if (any? persons in-radius 1) [  ;; 选择距离最小的猎物
        let choosen-prey min-one-of persons [distance myself]
        let survival-rate random 100   ;; 存活率由年龄、疾病、受伤等情况决定，这里定义为随机数字
        if (hunter-success-rate > survival-rate) [
          ask choosen-prey [die]
          set catch person catch person - 1
        ]
      ]
    ]
end
```

3.2.1 转向 2 级子过程

```
to turn [angle]
    ifelse abs angle > 45 [
        ifelse angle > 0 [rt 45]
        [lt 45]]
        [rt angle]
end
```

3.2.2 计算同伴平均方向 2 级子函数。

注意不能通过 heading（1+360）/2 = 180 来平均。因为方向是一个矢量，由当前方向 heading 向前一个单位，得到 dx 和 dy，这两个值本身就是自带的属性。而 dx 和 dy 是有方向性的矢量，能够很好地表达方向，自由地加减。又有 atan 函数可以把 dx 和 dy 反向表示成一个方向，所以可以通过累加每个逃犯的 dx 和 dy，得到邻居逃犯的平均方向。这里的 dx 和 dy 是这样定义的：某个逃犯，朝现在的方向，向前走一个单位，和刚才坐标比较，得到一个横坐标差值就是 dx，纵坐标差值就是 dy。由一个逃犯的 dx 和 dy 可以使用函数 atan，得到当前的方向：atan dx dy。计算所有邻居逃犯的 dx 和 dy，再通过 atan 函数得到所有逃犯的平均方向。

```
to-report average-flockmate-heading
    let x-component sum [dx] of flockmates
    let y-component sum [dy] of flockmates
    ifelse (x-component = 0 and y-component = 0)[
        report heading
    ][
        report atan x-component y-component
    ]
end
```

3.2.3 得到同伴方向和当前逃犯之间的平均角度的 2 级子函数。

"朝向我自己"给出了另一个逃犯朝向我的方向，但我们想要我朝向另一个逃犯的方向，所以加 180，在访问每个邻居逃犯的时候，调用 towards myself 得到的方向就是邻居逃犯朝向自身的方向。

```
to-report average-heading-towards-flockmates
    let x-component mean [sin (towards myself + 180)] of flockmates
    let y-component mean [cos (towards myself + 180)] of flockmates
    ifelse (x-component = 0 and y-component = 0)[
        report heading
    ][
        report atan x-component y-component
    ]
end
```

4. 模型运行结果

实验参数取值如下：

无人机数量：number-drone = 50。

逃犯数量：number-person = 30。

视觉距离：vision = 6.5patches。

最小间隔距离：minimum-separation = 0.25patches。

追捕成功率：hunter-success-rate = 86%。

移动速度：movement-speed = 1。

用于监测所进行实验的逃犯人数随时间变化的变量如下：

catch person：逃犯人数。

运行结果和算法收敛过程如图 3.8 和图 3.9 所示。

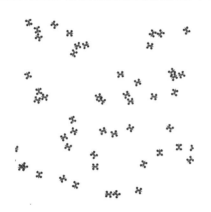

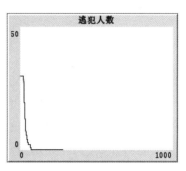

图 3.8　运行结果　　　　　　　　　　图 3.9　算法收敛过程

第4章　蚁群自组织与共识自主性

本章导读

　　本章基于蚁群的背景，阐述了蚁群算法的基本理论与原理，说明蚁群算法寻找路径的过程和方法；对蚁群算法中的两个关键部分——转移概率和信息素更新机制进行了介绍；阐述了对蚁群算法进行改进的背景和思路。本章重点研究了蚁群在寻找和收集食物时的路径选择过程，以及蚁群在距离、质量和自然挥发量等各种约束条件下如何选择食物来源并对研究结果进行了讨论。本章还介绍了方法和实验设置，包括基于计算机的模拟测试。

本章关键词

　　群体智能；蚁群优化；信息素的扩散和挥发；共识主动性（Stigmergy）

4.1　蚁群优化概述

4.1.1　引言

1. 蚁群算法简介

　　一只蚂蚁发现食物后，会把它带回蚁巢，同时沿途释放信息素吸引其他同伴。所以途中蚂蚁越多，信息素也就越强。这种信息素就是蚂蚁家族在其演化过程中所形成的一种信息传递方式，也是一种非常有效的产生共识的方式。同样，我们人类演化出来的语言、文字、肢体语言，创造的红绿交通灯、人机交互用的键盘、屏幕，以及各种各样的标准、规则、法律等，都是共识的不同呈现方式。

　　在任何组织里，都会有共识的存在，并且很多长期形成的共识已经成为一种习惯甚至是一种内在的基因。比如说我们所看到的颜色，就是内置在我们基因上的一种族群的共识，世界本来并没有颜色，有的只是不同波长的光，我们的感光系统将其转化为不同的电信号使得我们在大脑中形成了颜色的概念而已。

　　像蚂蚁这样的群居昆虫在筑巢、觅食、分拣和分配劳动等基本生活工作中表现出了有趣的集体智慧。虽然单只蚂蚁的活动可能看起来很简单，但它们的集体活动是高度结构化和复杂的。它们的结构化工作模式似乎是高度协调和有组织的，暗示着一种强大的等级制度——从上到下的方法。但是，这种高度组织化的工作模式的出现，并不是任何层级管理系统的结果，而是蚂蚁个体在有限的能力和简单的工作规则下，如分布式智能系统的多次交互作用的结果。利用一个非常简单的通信模型，它们总体上做得很好。

　　从进化的角度来看，蚂蚁已经在地球上生活了1亿多年，作为最具操作性的物种之一，它们仍在繁衍生息。这种健壮性的生物学见解激发了科学家们研究蚁群如何筑巢、寻找食物、从源地址运输食物、分类和储存食物，并最终表现出自发的自组织行为（显然是在全局层面上）。蚁群实现集体自组织能力的过程是科学家研究该生物解决人工 Agent 计算问题的合适动机。著名科学家 Marco Dorigo 在 20 世纪 90 年代首次提出蚁群算法，将生物蚂蚁的属性模拟到人类社会的实际应用中。随后，许多研究者设计了相当数量的新算法来解决不同应用领域的组合优化问题，如多智能体机器人系统、通信网络、旅行商问题、图着色问题等。

2. 蚁群算法生物原型

蚂蚁是一种社会化的动物，通过高度的社会化来进行组织和分工协作，从而完成一些无法通过单只蚂蚁来完成的任务。蚁群算法就是根据蚂蚁种群的觅食行为、任务分工行为和巢穴清理行为等蚁群的生物原型而发展起来的。

（1）觅食行为。蚁群在发现食物之后，总能够根据一定的行为来寻找食物与巢穴之间的最短路径。经过研究发现，无论是在何种环境下，蚁群总能够找到食物与巢穴之间的最短路径，即蚁群总能够自动地适应外部的环境，并且寻找到最短的路径。

在觅食的过程中，蚂蚁分散出去寻找食物，并且在移动时会发送一种蚂蚁能够感知的化学物质——信息素。对于两条可行的路径而言，在相同的时间内，更短路径上蚂蚁来往的次数更多，因此最短路径上蚂蚁留下的信息素也会更多。随着时间的推移，更短路径上蚂蚁留下的信息素浓度更高，因此更多的蚂蚁会在信息素浓度更高的路径移动。即在觅食的过程中，蚁群在信息素的引导下，总是倾向于在更短的路径上移动。从而可以看出，蚂蚁在觅食过程中寻找最短路径的行为是一个优化的过程，而基于这种优化过程所发展起来的算法就称为蚁群优化算法。

（2）任务分工行为。蚂蚁群体行为一个非常显著的特点是可以根据任务的紧急程度来合理分工。蚁群内部的分工非常明确，有的负责寻找食物，有的负责安全，有的负责生育。不同的蚂蚁对不同的任务进行响应，但是蚂蚁之间可以通过协调来完成很多任务，从而使得蚂蚁在不同的阶段可能接受不同的任务。即蚂蚁在工作过程中会受到新任务的一个刺激，当这个新任务不是很紧迫时，这个刺激较少，那么蚂蚁仍然继续执行自己的工作。随着时间的推移，这个刺激越来越大，直到超过某个阈值时，蚂蚁就会放弃正在执行的任务，而去处理新的任务。

在蚁群算法中，为每个蚂蚁设定了一个反应阈值，而每个任务设置一个激励，当某个新的任务还没有达到或者超过蚂蚁的反应阈值时，那么蚂蚁将会继续保持原有状态，直到整个激励达到或者超过了蚂蚁的反应阈值，才会选择合适的蚂蚁来处理新的任务。

（3）巢穴清理行为。在蚁群中，有一部分蚂蚁专门负责巢穴的清理。通常蚂蚁都会建造一个固定的场所来堆放死蚂蚁。在巢穴清理时，蚂蚁会根据周围死蚂蚁的数量来选择保留该死蚂蚁在原来的位置，还是搬到其他位置。如果死蚂蚁周围的死蚂蚁数量较多，那么保持该死蚂蚁的位置不动，否则将死蚂蚁拖到死蚂蚁数量较多的区域，最终导致死蚂蚁都向某一个区域内集中，从而达到清理蚁穴的作用。蚂蚁的这种行为与聚类算法非常相似，而且蚁群的这种特征目前已经在聚类分析中获得了成功。

蚁群算法是受到大自然中蚂蚁集体觅食活动的启发而来的。通过观察研究不难发现的一个问题就是，蚂蚁个体在寻找觅食路径的时候，个体的行为往往比较简单，看不出有什么规律或者影响。但是，从宏观角度来看，蚂蚁间仿佛又有一种信息传递机制，它们的集体行为仿佛有一些规律蕴藏在其中。蚂蚁们就是通过这种机制来协调相互之间的行进轨迹，最终找到一条最短的蚂蚁洞口到食物的往返路径。蚁群算法解决了实际中遇到的一些离散系统优化所出现的困难问题。通过对蚂蚁群体活动的研究观察，发现蚂蚁在刚开始行走的过程中，先出洞口的一批蚂蚁的运行方向是杂乱无章、毫无规律可言的。它们从洞口沿着自己随机选择的路径向四面八方发散开，向整张"地图"的范围扩散开来以寻找它们所需的食物。随着时间的迁移，我们又发现本来杂乱无章的蚂蚁似乎变得有章可循了，它们出现了在一些路径集中行进的现象，好像排着队一样。像这样的一条条路径逐渐在搜索版图中清晰起来。再随着时间的迁移，我们又会发现之前蚂蚁走的路径数量似乎在逐渐变少，相应的留下了几条蚂蚁选择行走的越来越多的路径。从整张"地图"的全局来看，它们在洞口与食物之间找到了几条较为优化的路径，行进过程好像是有这一种无形的指引，从起初杂乱无章的四处寻路到找到几条公认的路径，起初看似个体的行为最终表现出了一致性和相互的协同性。它们之间仿佛有一种可以相互沟通联系的机制存在。

此外，蚁群在每一代的进化过程中有先验知识（信息素）的积累，这种先验知识是每只蚂蚁对最优解搜寻的一个寻优过程。每只蚂蚁都对最优解的搜寻起促进的作用，虽然蚂蚁在路径选择时也是一定概率的搜索，但是与遗传算法中的变异算子不同，变异算子是随机地在某一个基因位置发生改变，并不一定是向着最优解的方向进化，也与蚂蚁觅食算法中的迁徙行为不同。迁徙行为虽然也是以一定的概率执行随机搜索，可是由于没有先验知识的指导，个体不一定向最优解的方向移动，这在一定程度上减慢了算法的搜寻速度。而在蚁群算法中，由于有了信息素的积累这个先验知识，使得后来的蚂蚁以一定概率进行搜索后，向着最优解方向进化的概率明显变大，有效地加快了算法的收敛性，减少了算法对最优解的搜寻时间。

3. 蚁群算法的发展

蚁群算法是一种生物进化算法。提出至今，该算法得到了迅猛的发展，并且出现了各种各样的改进算法。

（1）AS 算法。Ant System（AS）是最基本的蚁群算法。AS 算法是随着旅行商问题（TSP）所提出来的，虽然与 GA 等发展完备的算法相比，其效果并没有更好，但由于可计算量更大，仍然引起了人们的兴趣。

D.Costa 在 M.Dorigo 的研究基础上，提出了一种分配类型求解的一般模型，并且对其在图着色方面的应用进行了研究，同时还有很多的学者将这个模型应用于序列求序、指派问题、调度问题等 NP 完全问题，证明了蚁群算法在离散优化问题方面的优越性。

但是，AS 算法只是停留在仿真阶段，还没有像其他仿真算法一样形成系统性的方法，同时也没有严格的数学解释来对其有效性进行分析，算法的理论依据和收敛性等还需要进一步的分析。同时，在蚁群算法中，当群体规模较大时，由于个体都是随机运动的，因此找到一条较好的路径需要较长的搜索时间。为此，很多学者以 AS 为基础，对算法进行研究，以期提高算法的功效和性能。

（2）ACS 算法。1996 年 Dorigo 提出了 Ant Colony System 算法，即 ACS 算法。ACS 算法采取了一种状态转移规则，与 AS 算法的不同之处如式（4-1）所示：

$$j = \begin{cases} \arg\max_{j \notin tabu_k}\{[\tau_{ij}(t)]^{\alpha}[\eta_{ij}]^{\beta}\} & q \leqslant q_0 \\ J & else \end{cases} \tag{4-1}$$

式中：j 为蚂蚁在移动过程中所选定的下一个城市编号；q 为一个随机变量（$0 \leqslant q \leqslant 1$）；$q_0$ 为阈值（$0 \leqslant q_0 \leqslant 1$）。在蚂蚁的移动过程中，根据蚂蚁禁忌表中的内容来确定蚂蚁下一次移动的位置。

同时，Dorigo 等还根据 ACS 算法初始值的选取对 ACS 算法求解过程的影响，提出了强化路径最好的蚂蚁（精英蚂蚁）影响的策略。当精英蚂蚁的选取范围较小时，通过增加蚂蚁的数量可以获得更好的解，而范围较大时，会导致算法过早地收敛于次优解。

（3）MMAS 优化算法。Dorigo 等在 ACS 算法的基础上，提出了 Ant-Q System 算法，充分利用学习机制，每次让信息量最大的路径能够以较大的概率被选中的策略，通过强化最优信息的反馈来提高蚁群算法的性能。

Thomas 等在 Ant-Q System 算法的基础上提出了 Max-Min Ant System（MMAS）优化算法。MMAS 优化算法允许路径上的信息素在一个限定的范围内变化。MMAS 是目前解决 TSP 问题最好的蚁群类算法。

MMAS 优化算法采取了一种平滑机制来设定路径上的信息素浓度范围。在启动时，初始化每条路径上的信息素浓度为 τ_{max}，在每次迭代完成之后，根据所设定的信息素挥发浓度 p 来降低路径上的信息素浓度，并且只支持当前最佳路径上的支路增强浓度，从而避免过早地收敛于局部最优解。通过设定路径上的信息素浓度上限，可以避免某条路径上的信息量会远大于其他路径上的信息素浓度，从而避免过早地将所有的蚂蚁集中在一条路径上，即算法过早收敛。但是简单地设置路径上信息素浓度的范围，可能导致算法长时间处于停滞状态，为此增加了平滑机制，使得蚂蚁通过路径的信息素增加浓度与路径信息素浓度上限与路径当前浓度之差呈正比，以提高算法的局部搜索速度。

蚂蚁算法的优点是具有非常强的鲁棒性和搜索最佳解的能力。蚁群算法很容易与其他算法相配合，从而提升算法性能。

蚁群算法在解决这种问题上有很大的优点：当程序有了目标对象，所走的路径不可能是最好的，且有多种错误。但是，随着程序的迭代，蚂蚁留下了信息素进行扩散，利用它的选择机制、更新机制、协调机制，可以最终找到最优解。

蚁群算法有着它明显的优点，但是也有很大的缺点，例如蚁群算法很容易陷入死循环，在一个地点循环求解，而且它的计算时间比较漫长，导致求解的速度比较缓慢。

4.1.2 蚁群算法的工作原理

1. 蚁群优化原理

就像许多其他群居昆虫一样，没有任何中央协调机构以自我组织的方式来共同完成非常有条理和复杂的任务。它们通过一个简单而强大的交流模型来做到这一点，这个模型叫作"共识"。群智能理论将这种强大的生物洞察力扩展到了人工系统中。蚁群优化是群体智能的第一类，在解决人工系统和机器人的困难组合问题上已被证明是非常成功的。蚁群对最优解的选择取决于信息素分泌率、信息素挥发率、种群大小等诸多因素。本节主要探讨蚁群在食物搜寻和收集任务中的探索行为。在基于 Agent 的建模软件上进行计算机模拟，给出蚁群在不同距离上不同的食物来源。研究发现，信息素挥发率对完成食物收集任务的时间有显著影响，而与信息素扩散率和蚁群大小无关，两者之间的关系是高度非线性的。

自然界中的每只蚂蚁的记忆和智力都非常有限，但是蚂蚁交流的媒介是信息素，以至于可以实现信息的交互和共享信息。这种信息素可以分为多种，包括性信息素、事物信息素、路径信息素等。其作用过程是，当蚂蚁遇到不熟悉的路线时，会同时选定一条任意路线且与同类物种分享。蚂蚁走过的路径的长短可以直接影响信息素释放量的多少，它们是成正比的关系，道路越长信息素释放得就越多，这种情况给种群选择路径时提供很多便捷。除此之外，蚁群有着很强的适应不同环境的能力，当蚁群的行进路线上突然出现障碍物时，蚁群也能迅速找到其他的最好路径。

图 4.1 中，设 A 点是巢穴，D 点是食物地点，中间方框为一障碍物。障碍物会使得蚂

蚁有两条不同的行进路线，即 ABEFHCD 和 ABGCD，每两个点的直接距离从图中可以看出。在最开始的时候，由于路径 BE、EF、FH、HC 以及 BG、GC 上都不存在信息素，位于 A 和 D 的蚂蚁可以随机选择路径，从统计学角度可以认为蚂蚁以相同的概率选择 BE、EF、FH、HC 以及 BG、GC。开始时有 30 只蚂蚁由 A 点出发去往 D 点，经由 BEFHC 和 BGC 的蚂蚁数都为 15 只，经过一段时间，将有 20 只蚂蚁选择路径 BGC。时间越久，信息素积累越多，选择 BGC 的可能性就越大，即选择路径 BGC 是必然发生的，这就是找到食物点的最佳路线。

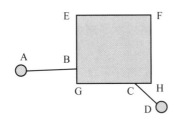

图 4.1　自然界中的蚂蚁觅食模拟

因此，从上面描述的蚂蚁整个觅食过程可以将蚁群算法的原理描述如下：

信息素和周边环境是联结蚂蚁的重要组成部分。面对不同的环境，蚂蚁的反应也各有不同，造成的影响也不尽相同。

蚁群算法所具有的一个鲜明特征是自组织，其他的计算机智能，比如遗传算法和人工神经网络等算法都有明显一样的特点。科学快速发展是促成自组织的定义建立起来的关键。自组织和他组织差异的主要表现在于指令是内部还是外部发出，自组织是内部，反之为他组织。

在描述蚁群的行为时给予了正反馈的理念。反馈是控制论的基本概念，指将系统的输出返回到输入端并以某种方式改变输入，进而影响系统功能的过程。反馈分为正反馈和负反馈：正反馈是指对未来的行为有引导作用；相反，为负反馈。将蚁群搜索等效为如下的路径搜索。将图 4.1 蚁群行为等效成图 4.2 的赋权图。

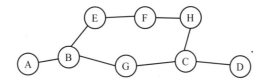

图 4.2　蚁群算法等效的路径规划图

从 A 点到 J 点求最短路径，开始时所有蚂蚁均处于 A 点，下一步可选路径为 AB、AC、AD，选择概率 P_{ij}^{K} 为 t 时刻蚂蚁 k 由 i 点转移到 j 点的概率，如公式 4-2 所示。

$$P_{ij}^{k} = \begin{cases} \dfrac{\tau_{ij}^{\alpha}(t)\eta_{ij}^{\beta}(t)}{\displaystyle\sum_{n \in allowed_{k}} \tau_{ij}^{\alpha}(t)\eta_{ij}^{\beta}(t)} & j \in allowed \\ 0 & otherwise \end{cases} \tag{4-2}$$

式中：$allowed_{k}$ 表示下一步可允许转移的点的集合；$\tau_{ij}^{\alpha}(t)$ 表示 t 时刻蚂蚁 k 由 i 点转移到 j 点残留的信息素；α 表示信息素的重要（影响）程度，可取 $\alpha = [1,2]$；$\eta_{ij}^{\beta}(t)$ 表示 t 时刻蚂蚁 k 由 i 点转移到 j 点的启发式信息，β 表示启发式信息的重要（影响）程度，可取

$\beta = [1,2]$。经过 n 个时刻，蚂蚁完成一次循环，各路径上的信息量进行了调整（公式 4-3 和公式 4-4）。

$\tau_{ij}(t+n) = \rho \times \tau_{ij}(t) + \Delta\tau_{ij}$（$0 \leqslant \rho \leqslant 1$）表示残留信息的持久程度。

$$\Delta\tau_{ij} = \sum_{k=1}^{m}\Delta\tau_{ij}^{k} \tag{4-3}$$

$$\Delta\tau_{ij}^{k} = \begin{cases} \dfrac{Q}{L_k} & \text{第}k\text{只蚂蚁在本次循环中经过}ij\text{时} \\ 0 & \text{其他} \end{cases} \tag{4-4}$$

式中：Q 为常数；L_k 为第 k 只蚂蚁在本次循环中所走过路径的长度。

2. 蚁群算法的特点

蚁群算法就是依据自然界中述蚁群特征的一种算法。在蚁群算法中，人工蚂蚁同样通过信息素来进行通信，通过相互的协作来完成一个共同的目标。但是同时，人工蚂蚁也与现实中的蚂蚁有一定的区别：①人工蚂蚁可以记录所经过的路径，从而保证不会经过相同的城市；②人工蚂蚁除了依据路径上的信息素浓度以外，还根据邻近边长等问题来选择路径；③在人工蚂蚁中，仅考虑人工蚂蚁在某个节点的状态，而忽略了人工蚂蚁在节点之间的移动过程。具体而言，蚁群算法中的人工蚂蚁具有如下特征：

（1）系统性。整体性、相关性和多元性是蚁群算法最为基本的三个特征。在蚁群算法中，人工蚂蚁的个体行为是系统的元素，系统的相关性表现在人工蚂蚁之间的相互影响；系统的整体性体现在人工蚂蚁完成任务的过程中，相互之间的协作和依存方面。蚁群算法的整体性和相关性体现了蚁群算法的系统性，同时，系统性也是仿生优化算法最为重要的特征之一。

（2）自组织性。自组织性就是指系统可以在没有受到特定干预的情况下自动完成某些特定功能的特性。即自组织性表现在蚁群算法可以在没有外界作用的条件下，增加系统墒。在蚁群算法中，单只人工蚂蚁只是无序地寻找问题的解，但是在经过一段时间的演化之后，人工蚂蚁都开始倾向于那些最优解，在这个过程中就体现出了一种无序向有序自组织的过程。蚁群算法的自组织性有利于提高算法的鲁棒性，在蚁群算法中只需要结合解问题的目标和相关的启发信息就可以进行求解，而不需要太多的人工干预。

（3）正反馈性。即当前的行为是对未来的一种增强。在使用蚁群算法求解问题的初始阶段，信息素平均分布，而人工蚂蚁在求解过程中的启发因子的引导下进行解的构造。在这个过程中，更优的解会获得更多的信息素，最终导致信息素朝最优解集中，这种正反馈的作用将会使得更多的人工蚂蚁朝最优解收敛。

（4）负反馈性。负反馈性是与正反馈性相对的，是指系统的当前行为是对系统外来的发展一种削弱的作用。蚁群算法的正反馈性和负反馈性共同组成了蚁群算法的自适应性，从而实现系统的自我创造和更新。在人工蚂蚁构造解的过程中，是采取轮盘赌，而不是概率的大小来选择解，即意味着虽然某个解只能够被较大概率选中，但是仍有可能不会被选中。这样虽然在一定程度上是一种退化，但是可以扩大搜索范围。即正反馈可以增大目前最优解的选择概率，而负反馈则可以扩大搜索范围，避免算法陷入局部最优解范围。

（5）分布并发性。蚁群通过个体之间的协作来完成某项任务，而且蚁群中单只人工蚂蚁所出现的偏差并不会影响到整个蚁群的正确运作。以最短路径选择为例，每只人工蚂蚁随机分布在不同的节点构造自己的路径，相互之间通过信息素来引导其他人工蚂蚁进行搜索，这种从多个阶段同时进行的方式，一方面可以提高算法的全局搜索能力，同时也有助于提高算法的可靠性。

4.1.3　蚁群算法的基本流程

1. 蚁群的规则

（1）感知范围。蚂蚁观察到的范围是一个方格世界，相关参数为速度半径，一般为 3，可观察和移动的范围为 3×3 方格。

（2）环境信息。蚂蚁所在环境中有障碍物、其他蚂蚁、信息素，其中信息素包括食物信息素（找到食物的蚂蚁留下的）、窝信息素（找到窝的蚂蚁留下的），信息素以一定速率消失。

（3）觅食规则。蚂蚁在感知范围内寻找食物，如果感知到就会过去；否则朝信息素多的地方走，每只蚂蚁会以小概率犯错误，并非都往信息素最多的方向移动。蚂蚁找窝的规则类似，仅对窝信息素有反应。

（4）移动规则。蚂蚁朝信息素最多的方向移动，当周围没有信息素指引时，会按照原来运动方向惯性移动，而且会记住最近走过的点，防止原地转圈。

（5）避障规则。当移动方向有障碍物时，蚂蚁将随机选择其他方向；当有信息素指引时，蚂蚁将按照觅食规则移动。

（6）散发信息素规则。在刚找到食物或者窝时，蚂蚁散发的信息素最多；当蚂蚁越走越远时，散发的信息素将逐渐减少。

2. 算法步骤

蚁群算法伪代码如下：

```
for ant in colony do    // 蚁群中每只蚂蚁都逐个更新自己路径经过边上的信息素
    tour = ant.getTour();   // 蚂蚁计算路径的总长度
    pheromoneToAdd = getParam('Q') / tour.distance();   // 蚂蚁计算信息素的更新值
    for nodeIndex in tour do    // 回溯路径中的每个城市
        if lastnode(nodeIndex) do   // 如果节点是路径上的最后节点, 取出它和第一个节点间的边
            edge = getEdge(nodeIndex, 0)
        else
            edge = getEdge(nodeIndex, nodeIndex+1)   // 否则, 取当前节点和路径下一个节点间的边
        currentPheromone = edge.getPheromone();   // 获得边上之前的信息素
        edge.setPheromone(currentPheromone + pheromoneToAdd)   // 原有信息素加更新后新信息素
    end for   // ant 路径上所有的边的信息素更新完毕
end for   // 蚁群中所有蚂蚁都处理完毕
```

4.1.4　蚁群算法的应用

蚁群算法是人工智能领域仿生学算法的典型算法。1996 年，Dorigo Marco 提出了蚁群算法的基本原理和数学模型，并与另外的计算智能方法进行了对比。在此之后，蚁群算法得到了广大学者的认可和广泛使用，如在求解旅行商 TSP 问题、指派问题、车间作业调度等问题时都取得了较为满意的结果。下面给出一些热点领域的具体研究内容。

（1）觅食问题：又被称为搜索问题，机器人在指定的区域中漫游找到物体并搬运到指定位置。这个问题的研究可以模拟营救和搜索、有害废物的清理及矿物质的清理等。

（2）多机器人队形控制：是指机器人系统在未知的、存在障碍物或其他空间限制的环境中，自始至终实时保持预先设定的某种队形，自行完成避障和复杂环境的处理从而完成任务。其研究成果对于交通系统和空间领域具有重要意义。

（3）多机器人地图构建：在未知的环境中执行任务，机器人的工作空间信息并不是事先知道的，需要机器人首先对工作环境进行探测并构建出环境地图，然后执行任务。这对

许多未知领域的探测和地图的构建具有实际意义。

（4）路径规划：未知环境下对移动机器人进行路径规划的问题也叫作导航问题。它是通过对传感器反馈回来的信息产生控制命令，然后引导自身运动到指定目标的过程。多机器人路径规划不仅要考虑单体机器人的导航问题，而且要考虑多个机器人之间的路径冲突问题的解决，是多机器人系统中具有典型性和代表性的研究问题之一。

（5）追捕策略：是指多个机器人通过采取有效的协作策略，将指定目标围住，并决定进行驱逐还是押送。这项任务研究涉及多机器人协作、路径规划和编队等问题，在军事领域对提高无人装备的战斗力具有重要意义。

（6）多机器人协作物体操作：这类任务大概可以分为群体搬运和推箱子。在这些任务中，多个机器人同时作用于同一个物体，为了完成任务必须进行紧密的配合，在动作和空间上都要受到彼此行为的强烈影响，属于紧耦合的协作任务。这类问题的研究成果主要应用于危险或者复杂环境中的样品取样、海底打捞等问题中。

（7）多目标观测问题：是研究智能体在同一时间内如何观测到尽可能多的目标的问题，在安保、监督和侦查的场合都有应用。在多机器人控制体系的基础上，提出了多机器人多目标观测算法。

（8）机器人足球：机器人足球赛体现出了一种具有对抗性的多机器人协作任务，对个体协作的实时性要求较高，涉及同队多机器人的协作和不同队多机器人间竞争问题的研究。

4.2   蚁群算法的基本实现技术

在蚁群算法中，最为核心的内容是转移概率和信息素的更新机制，它们是互相影响的。

4.2.1   蚁群算法中的转移概率

转移概率就是蚂蚁从一个点出发如何判断选择下一个目的地的过程。在行进过程中，蚂蚁是以先行蚂蚁走过路径所留下来的信息素作为自己的运行指引，蚂蚁趋向于选择信息素浓度更大的方向行进。式（4-5）是转移概率的一般表达式。

$$p_{ij} = \frac{\tau_{ij}}{\sum_{j=1}^{k} \tau_{ij}} \quad j = 1, 2, \ldots, k \tag{4-5}$$

式中：τ_{ij} 表示路段（i,j）上的信息素浓度；j 为蚂蚁在 i 处下一步将要访问到的地方；p_{ij} 表示转移概率。

4.2.2   信息素的更新机制

在寻找最优路径的过程中，蚂蚁在经过的路段上留下信息素作为沟通协调机制，它告诉经过这里的蚂蚁一些经验，帮助它们判断该走哪条路比较合适。信息素越多的路段被蚂蚁选中的概率就越大，但是信息素在路段上不是一直增大的，它会随着时间的推移而不断挥发，以此来降低信息素的浓度，避免蚂蚁在寻找最优路径的过程中陷入局部最优的局面。这种信息素的挥发机制提高了蚂蚁的全局搜索能力。而且，经过蚂蚁数量少的路径信息素挥发得更快，蚂蚁走的多的路径信息素会越来越多，这种机制增强了蚁群算法的正反馈机制，使得蚂蚁群体逐渐趋向于最终的一条最优路径的附近。信息素的更新公式如式（4-6）和式（4-7）所示。

$$\tau_{ij}(t+1) = (1-\rho)\tau_{ij}(t) + \Delta\tau_{ij} \qquad (4\text{-}6)$$

$$\Delta\tau_{ij} = \sum_{k=1}^{m}\Delta\tau_{ij}^{k} \qquad (4\text{-}7)$$

式中：ρ 表示信息素的挥发系数，范围在（0,1）之间，用来防止信息素量无限制增加；τ_{ij} 表示路段（i，j）上的信息素量；$\Delta\tau_{ij}$ 表示信息素的增加量；$\Delta\tau_{ij}^{k}$ 表示蚂蚁 k 在这次寻找路径结束之后在路段（i,j）上所留下或者是释放在路上的信息素的量。每只蚂蚁都会对自己的信息进行存储，包括禁忌搜索表（用 Tabu 来表示），也就是将蚂蚁已经经过的地方存储起来，意味着后续路径选择中这些地方都不能再次被选中；除了存储禁忌搜索表，蚂蚁还有一个允许访问的表（用 allowed 来表示），这个表中的地方都是蚂蚁可以访问的。另外，在不同的算法模型里，$\Delta\tau_{ij}$ 和 $\Delta\tau_{ij}^{k}$ 的表达形式有所区别，要视具体问题来具体对待。目前为止，普遍接受的模型有三种，分别是蚁密系统模型、蚁周系统模型和蚁量系统模型。它们之间的区别主要是取值不一样。下面对三种模型进行逐一介绍，如式（4-8）至（4-10）所示。

在蚁密系统模型中：

$$\Delta\tau_{ij}^{k} = \begin{cases} Q, & \text{若第}k\text{只蚂蚁在本次循环中经过路径（}i,j\text{）} \\ 0, & \text{否则} \end{cases} \qquad (4\text{-}8)$$

在蚁周系统模型中：

$$\Delta\tau_{ij}^{k} = \begin{cases} Q/L_k, & \text{若第}k\text{只蚂蚁在本次循环中经过路径（}i,j\text{）} \\ 0, & \text{否则} \end{cases} \qquad (4\text{-}9)$$

在式（4-9）中，L_k 表示蚂蚁 k 在一次完整路径中所走过的路径的总成本。在蚁群算法中，这个总成本一般采用的标准是距离，在本文中，这个成本主要指的是时间。

在蚁量系统模型中：

$$\Delta\tau_{ij}^{k} = \begin{cases} Q/d_{ij}, & \text{若第}k\text{只蚂蚁在本次循环中经过路径（}i,j\text{）} \\ 0, & \text{否则} \end{cases} \qquad (4\text{-}10)$$

在式（4.10）中，d_{ij} 表示路段（i,j）的距离。从上式的表达可以看出，三者之间最大的区别就是是否采用全局信息进行信息素的更新。在蚁密系统和蚁量系统中利用的是局部信息对轨迹进行更新，蚁周系统则是在一次寻优完全结束之后，利用所经过路径的总距离对信息素进行更新。

4.3 蚁群觅食问题

蚁群觅食问题

1. 背景及前期工作

在自然界中，蚂蚁与其他小型动物和群居昆虫一样，直接交流能力有限。它们通过环境间接地交流。这首先是由皮埃尔•保罗加斯在 1959 年通过引入术语 Stigmergy 来解释的。它是指一种通过改变环境来进行交流的机制。Stigmergy 是一种研究社会昆虫的刺激反应传播模型。在该模型中，研究定量和定性的 Stigmergy 行为。在数量上有障碍的情况下，个体对特定刺激的反应在定性上没有变化；对于定性刺激，通过对不同的刺激产生不同的反应，刺激会发生质的变化。Stigmergy 概念的提出为解释生物系统自组织现象做出了重要贡献。

蚂蚁在觅食和筑巢的过程中会释放出一种挥发性化学物质——信息素。这种化学物质可以被其他蚂蚁用它们的触须感知到，并刺激其他蚂蚁跟随化学物质的踪迹。随着许多蚂蚁开始跟随这条路径，路径上的化学沉积物得到加强。其他蚂蚁的旅行频率起到了正反馈的作用，蚁群的浓度沿着化学路径增加。在某些时候，蚂蚁分泌的化学物质的数量取决于食物的质量。然而，这并不意味着定性的共识反应，而是指更多的化学分泌。化学痕迹得到加强，痕迹结构变得稳定和持续，直到食物耗尽。有趣的是，这种化学物质会在自然界中挥发。挥发的特性对蚂蚁的觅食活动至关重要，如果没有挥发，即使耗尽了食物，它们也会被困在化学痕迹中。挥发现象作为负反馈，最终为蚂蚁探索替代食物来源提供了一个平衡过渡。

蚂蚁的化学产卵和跟踪行为一直是许多科学家非常感兴趣的问题。1989 年，Deneubourg、Goss 和他们的同事对真正的蚂蚁进行了一项具有里程碑意义的实验来研究蚂蚁的寻路和跟随行为。在实验中，一群蚂蚁从它们的巢穴到食物来源有两座桥。他们在三种基本设置下进行了多次实验：

实验 1：同时为蚁群提供从巢穴到食物来源的两座等长等形桥。

实验 2：有两座桥，一座桥的长度是另一座桥的两倍。

实验 3：实验开始 30 分钟后出现了短分枝的桥。

在第一种情况下，蚂蚁随意选择了任何一条路径，并通过频繁地在这条路径上移动而强化了化学物质的沉积。在第二种情况下，蚁群在两种选择中选择了最短路径；这是因为在较短的桥上行驶所需的时间是较长的桥的一半。虽然一开始，蚂蚁任意选择了两条路径，但走最短路径的蚂蚁最终只用了一半的时间返回，这加强了化学沉积物。最终，大多数蚂蚁集中在最短路径上。在第三个实验中，结果非常直观，因为当最短的分枝被展示出来的时候，蚂蚁已经在最长的分枝上建立了化学痕迹。在化学物质没有挥发的情况下，蚂蚁继续选择最长的路径，留下最短的路径。

该实验结果对于将蚁群行为扩展到求解多种复杂优化问题的计算产生了很大的影响。在 Marico Dorigo 引入 ACS 后，ACS 被研究者进一步扩展和应用于解决分类问题、旅行商问题、最短路径问题、车辆路径问题、机器人路径规划问题、分配问题、调度问题、机器人协同运输问题、光网络路由问题等许多困难组合问题。

为了研究这一有趣的蚁群行为，在计算机模拟程序中模拟生物蚂蚁更方便。但生物蚂蚁与人工蚂蚁在本质上存在着一些基本的区别。在生物蚂蚁中，个体是异步更新自己的行动的，但在大多数模拟程序中，人工蚂蚁是同步更新自己的局部情况。生物蚂蚁在从巢穴到食物的途中和从食物到食物的途中都会释放信息素，而人工蚂蚁只有在从食物到巢穴的途中才会释放信息素。像"巢穴气味"这样的记忆特征被用来引导蚂蚁找到它们的巢穴。此外，自然界中化学物质的挥发往往是一个缓慢的过程，人工蚂蚁一般会对这个过程进行调节，以避免收敛到错误解。

然而，这些差异在许多情况下取决于研究目标。鉴于在计算机模拟程序中模拟人工蚂蚁的技术灵活性，研究尝试观察不同参数如信息素扩散率、信息素挥发率、蚁群大小、食物来源数量、蚁巢与食物来源的距离、空间的维度和大小等所产生的变化规律。蚁群的路径选择模式和探索行为取决于影响结果的不同参数。其中一个重要的参数是化学物质挥发率。较高的挥发率可能限制有效化学路径的形成；相反，极低的挥发率可能加强在错误路径上建立化学痕迹。同样，蚂蚁所沉积的化学物质的数量也是汇聚到正确路径中的决定性因素。当信息素扩散率和信息素挥发率在不同程度上作用于蚁群的食物收集时，结果是非常不可预测的。此外，在快速完成任务的时间很重要时，蚁群的大小是另一个重要参数。

蚁巢与食物来源的距离以及食物的质量也会影响蚁群采集食物的时间。

觅食问题又被称为搜索问题，即机器人在指定的区域中漫游找到物体并搬运到指定位置。这个问题的研究可以模拟营救和搜索、有害废物的清理及矿物质的清理等。在这个项目中，一群蚂蚁觅食。尽管每只蚂蚁都遵循一套简单的规则，但整个蚁群的行为却非常复杂。

当蚂蚁找到一块食物时，它会把食物带回巢穴，并在移动过程中释放化学物质。当其他蚂蚁"嗅"到这种化学物质时，它们就会跟随这种化学物质去寻找食物。随着越来越多的蚂蚁将食物搬回巢穴，它们会强化化学痕迹。

在基于 Agent 的仿真中，模型参数的设置是实现过程中的关键一步。事实上，基于智能体的算法通常具有各种参数的特征，这些参数共同决定了系统的整体性能。这意味着即使对单个参数进行微小的修改，有时也会导致对整个算法的彻底修改。基于蚁群智能体的仿真优化算法也是如此。为了演示参数设置的重要性，我们使用 NetLogo 作为平台，并以其 Ants 模型为例。

在模型中，最初我们会在模拟世界的中心设置一个巢穴，巢穴周围有两个食物来源。

蚁群通常是按顺序利用食物来源的，从离蚁巢最近的食物开始，到离蚁巢最远的食物结束。一旦蚁群收集完最近的食物，由于挥发，到达食物的信息素踪迹自然消失，从而释放出蚂蚁来帮助收集其他食物来源。距离越远的食物来源需要更多的"临界数量"的蚂蚁来形成稳定的信息素踪迹。因此，信息素挥发率对整个模型的性能起着关键作用。如果信息素挥发率过低或过高，就会导致蚁群无法汇聚到隐蔽的食物来源。当信息素挥发率在合理范围内时，蚁群可以成功地找到两个隐蔽的食物来源。

2. 模型设计

（1）智能体设计。

设计智能体 ants。

（2）环境设计。

环境包括食物源和巢穴目的地等。

```
patches-own [
  chemical                        ;; 这个方格上的信息素物质含量
  nest-scent                      ;; 巢穴的气味，离巢穴越近的数越高
  nest?                           ;; 在巢穴正确，其他地方错误
  food                            ;; 这块地的食物量（0, 1, or 2）
  food-source-number              ;; 编号（1、2 或 3）用来确定食物来源
]
```

初始化环境场景。

setup-patches——初始化环境世界。设置巢穴，初始化食物，给巢穴所在方格和食物来源方格上色。给巢穴所在方格上紫色，给食物来源方格上三种不同颜色。非巢穴非食物来源方格，按信息素设置方格颜色。

setup-ants——初始化蚁群智能体，设置蚁群状态。

（3）算法设计。

look-for-food——3.1 红色蚂蚁没有携带食物，寻找食物（搜索蚁）。

return-to-nest——3.2 携带食物，把食物带回巢穴去（运输蚁）。

wiggle——3.3 随机摆动。

（4）实验参数设置（表4-1）。

表 4-1   主要模型参数

参数名称	参数说明	取值范围
population	蚂蚁数量	0 ～ 200
diffusion-rate	扩散率，控制化学物质的扩散速率	0 ～ 99
evaporation-rate	挥发率，控制化学物质的挥发量	0 ～ 99

3. 主要算法代码

运行过程。

```
to go
  ask turtles [
    if who >= ticks [ stop ]
    ifelse color = red    [                    ;; 任务分配与转换，红色为搜索蚁，橙色为运输蚁
      look-for-food                            ;;;3.1 红色蚂蚁没有携带食物，寻找食物（搜索蚁）
    ][
      return-to-nest                           ;;3.2 携带食物，把食物带回巢穴去（运输蚁）
    ]
    wiggle                                     ;;3.3 随机摆动
    fd 1                                       ;; 前进，随机探索
  ]
  diffuse chemical (diffusion-rate / 100) ;; 更新信息素 1：信息素扩散
  ask patches [
    set chemical chemical * (100 - evaporation-rate) / 100        ;; 更新信息素 2：缓慢挥发信息素
    recolor-patch
  ]
  tick
end
```

3.1 红色蚂蚁没有携带食物，寻找食物（搜索蚁）动作子过程，找到食物则掉头，否则往信息素浓度最高的方向继续寻找。

```
to look-for-food
  if sense-food [                    ;;3.1.1 感知食物
    set color orange + 1             ;; 捡起食物
    set food food - 1                ;; 减少食物来源
    rt 180                           ;; 然后转身
    stop
  ]
  if (chemical >= 0.05) and (chemical < 2)
    [uphill-chemical ]               ;;3.1.2 往信息素浓度最高的方向走
end
```

3.1.1 感知食物 2 级子函数。

```
To-report sense-food
  Ifelse food > 0 [report  true][report false]
end
```

3.1.2 往信息素浓度更高的方向走 2 级子过程。蚂蚁通过自身的气味传感器，左嗅右嗅，到信息素浓度最高的地方去。

```
to uphill-chemical
  let scent-ahead chemical-scent-at-angle  0
```

```
    let scent-right chemical-scent-at-angle  45
    let scent-left  chemical-scent-at-angle -45
    if (scent-right > scent-ahead) or (scent-left > scent-ahead)[
       ifelse scent-right > scent-left  [ rt 45 ] [ lt 45 ]
    ]
 end
```

3.2 携带食物，把食物带回巢穴去（运输蚁）子过程。蚂蚁回巢动作，如果到达巢穴则放下食物，然后再次出发。否则减少一些信息素朝向巢穴味最大方向寻找巢穴。

```
to return-to-nest  ;; turtle procedure
   ifelse sense-nest [                    ;;3.2.1 感知巢穴
      set color red
      rt 180                              ;; 放下食物，再次出发
   ][                                     ;; 未到达巢穴
      set chemical chemical + 60          ;; 减少一些信息素
      uphill-nest-scent ]                 ;;3.2.2 朝向巢穴气味最强方向
End
```

3.2.1 感知巢穴 2 级子函数。

```
To-report sense-nest
   Ifelse nest? [report  true][report false]
end
```

3.2.2 朝向巢穴气味最强方向 2 级子过程。蚂蚁通过自身的气味传感器，左嗅右嗅，朝巢穴气味最强的地方去。

```
to uphill-nest-scent
   let scent-ahead nest-scent-at-angle   0
   let scent-right nest-scent-at-angle   45
   let scent-left  nest-scent-at-angle -45
   if (scent-right > scent-ahead) or (scent-left > scent-ahead)  [
      ifelse scent-right > scent-left [ rt 45 ] [ lt 45 ]
   ]
end
```

3.3 随机摆动子过程。蚂蚁左右摆动动作，实现了随机移动过程。

```
to wiggle
   rt random 40
   lt random 40
   if not can-move? 1 [ rt 180 ]
end
```

4. 模型运行结果

蚁群对食物的探索是时间、食物源与蚁巢的距离、空间／世界的维数、蚁群的大小、蚁群的速度、信息素的扩散率和挥发率的函数。这个实验是为了研究蚁群如何根据函数的不同参数选择一条特定的路径，近的或远的。蚁群中具有不同特征的路径选择的一致性具有随机性。因此，设计实验对参数进行扫描，并对结果进行平均得到数据。

在这个模型中，蚂蚁被设计来执行两个简单的任务：寻找食物和带着食物返回巢穴。为了完成这些任务，蚂蚁能够摆动（随机移动）、释放化学物质、跟随化学物品和巢穴气味。

（1）两个食物来源，食物量相等，距离蚁巢的距离相等。实验 1 软件设置如下：

环境（空间）：101×101，非环面

巢地点：（0,0）

巢大小：（4×4）

食物来源 1 位置及大小：（15,0）及（4×4）

食物来源 2 位置及大小：（-15,0）及（4×4）

当蚁群在两种同等质量的食物源距离相等的情况下，随机选择两种食物源（图 4.3 和图 4.4）。除了由于蚂蚁移动的随机性导致的少数情况外，蚁群完成收集食物的时间基本相等。蚂蚁建立的化学梯度的模式是相同的。

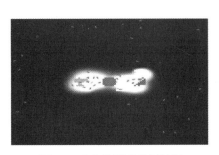 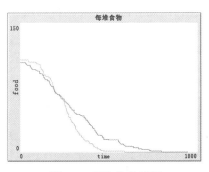

图 4.3　食物等距离模拟运行　　　　图 4.4　算法收敛时间

（2）两个食物来源，食物量相等，其中一个食物来源离巢的距离为另一个食物来源离巢的距离的两倍。实验 2 软件的设置如下：

环境（空间）：101x101，非环面

巢地点：（0,0）

巢大小：（4×4）

食物来源 1 位置及大小：（15,0）及（4×4）

食物来源 2 位置和大小：（-30,0）和（4×4）

当相同质量的食物源被放置在不同的距离时，蚁群总是先选择最近的食物源，建立化学足迹，然后完成食物的采集（图 4.5 和图 4.6）。信息素的高挥发率和食物距离巢穴的距离导致不能形成稳定的化学梯度。

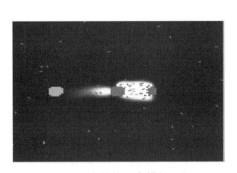 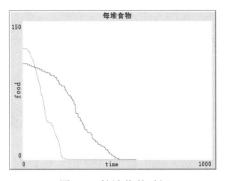

图 4.5　食物等距离模拟运行　　　　图 4.6　算法收敛时间

5. 讨论

在有两种不同食物来源的情况下，通过要求蚂蚁在其中一种食物来源中储存双倍量的化学物质，蚁群的行为随着完成收集任务所花费的时间发生了变化。由于两倍数量的化学物质在优质食物来源的路径上扩散，蚂蚁在大多数情况下建立了一个稀薄的化学梯度。然而，蚂蚁先从最近的食物来源那里收集食物，尽管食物的质量较低。因此，即使在建立了化学梯度之后，收集所有食物也需要更长的时间。

月球岩石搜索机器人
路径规划

4.4 月球岩石搜索机器人路径规划

1. 问题背景

路径规划是多智能体系统控制研究的重点之一，目的是控制对象可以自主地选择路径，避开障碍物，实现任务目标。智能体需要完成如何在多种约束条件（如环境约束、智能体运动约束和某种优化指标约束等）下，顺利到达指定地点。因此，智能体系统路径规划是指根据确定的优化准则（路线最短、用时最少、拐弯最少等），在具有各种障碍物的环境里选择从起点到终点的安全路径。由于路径规划需要将环境建模与检测结合在一起，这就要求智能体系统具有良好的信息传递能力和计算能力，针对测量误差和干扰影响有较高的鲁棒性，能对路径规划结果进行实时反馈和校正。

如图 4.7 所示，月球表面分布着一些黄色的岩石，本模型模拟机器人在月球表面寻找岩石。机器人使用蚁群算法，主要功能如下：当机器人发现一块石头时，它应该检查附近是否有其他石头，如果有，就释放信息素。这样的话，它就能在返回基地的路上留下踪迹，向其他机器人发出信号，表明小路的尽头有岩石，让其他机器人跟随返回基地。

图 4.7 月球表面

2. 模型设计

（1）智能体设计。

设计智能体 robots。

```
robots-own [              ;; 每个机器人都知道一些关于自己的信息
  searching?              ;; 它是否处于搜索状态？
  returning?              ;; 它是否处于返回状态？
  usingPheromone?         ;; 它使用信息素吗？
]
```

（2）环境设计。

Stigmergy 是通过环境而不是个体与个体之间的沟通。一些蚂蚁利用 Stigmergy 铺设化学信息素痕迹，其他蚂蚁可以跟踪。释放信息素可以让蚂蚁向其他没有直接通信资源的蚂蚁发出信号。如果它们仍然有用，还会加强现有的路线。此任务也可以模仿这种行为——使用喷雾颜色和车载摄像机。

```
patches-own [             ;; 每个地块都知道一些关于自己的信息
  baseColor               ;; 它们开始的颜色
```

```
    pheromoneCounter              ;; 在信息素挥发之前它们还剩多少时间
]
```

初始化环境场景：

import "moon.png"——导入月球的背景图像。

setup-globals-and-patches——设置全局变量及背景。

setup-robots——设置机器人。

（3）算法设计。

check-for-trails——3.1 检测机器人轨迹。

look-for-rocks——3.2 寻找岩石。

return-to-base——3.3 返回基地。

wiggle——3.4 机器人移动。

update-pheromone——3.5 更新信息素。

update-robot-state——3.6 更新机器人状态。

（4）实验参数设置及说明（对于实验参数的设置及说明见表表 4-2）。

表 4-2　实验参数的设置及说明

参数名称	参数说明	取值范围
numberOfRobots	机器人数量	1 ~ 20
maxAngle	个体 Agent 最大摆角度	0 ~ 90
singleRocks	单个岩石数	1 ~ 100
clusterRocks	簇岩石数	0 ~ 50
largeClusterRocks	大簇岩石数	0 ~ 20
pheromoneDuration	信息素持续期	0 ~ 500
percentChanceToFollowPheromone	跟踪信息素的概率百分比	0 ~ 100

3．主要算法代码

运行过程，控制机器人的主要行为。

```
to go
  if (numberOfRocks > 0) [          ;; 运行程序，直到收集到所有岩石
    ask robots [
      if usingPheromone? and not returning? [
        check-for-trails             ;;3.1 检测机器人轨迹
      ]
      if searching? [
        look-for-rocks               ;;3.2 寻找岩石
      ]
      if returning? [
        return-to-base               ;;3.3 返回基地
      ]
      wiggle                         ;;3.4 机器人移动
    ]
    update-pheromone                 ;;3.5 更新信息素
  ]
  update-robot-state                 ;;3.6 更新机器人状态
  tick
end
```

3.1 检测机器人轨迹子过程，检测附近是否有机器人轨迹（半径为 5）。

```
to check-for-trails
  ifelse any? patches in-radius 5 with [(pcolor = cyan) or (pcolor = cyan - 10)][
    ;; 如果至少有一个地块有跟踪，创建一个名为 target 的变量来保存离原点最远的那个
    let target one-of patches in-radius 5
      with [(pcolor = cyan) or (pcolor = cyan - 10)] with-max [distancexy 0 0]
    ifelse [distancexy 0 0] of target > [distancexy 0 0] of self [
      face target
    ][
      switch-to-search-from-pheromone    ;;3.1.1 带回搜索模式
    ]
end
```

3.1.1 带回搜索模式 2 级子过程。

```
to switch-to-search-from-pheromone
  set usingPheromone? false
  set searching? True                   ;; 打开搜索 Turn on searching?
  set label ""                          ;; 将标签设置为空
end
```

3.2 寻找岩石子过程，现在数机器人周围的黄色斑块（岩石），如果这个数字大于或等于 2，机器人会设置 usingPheromone? 为 true。

```
to look-for-rocks
  ask neighbors[                         ;; 询问机器人周围的 8 个地块颜色是否为黄色
    if pcolor = yellow[                  ;; 如果是，拿走一块石头，并将地块颜色恢复到原来的颜色
      set numberOfRocks (numberOfRocks - 1)
      set pcolor baseColor
      ask myself [                       ;; 机器人要求自己
        set searching? false             ;; 关闭搜索
        set returning? true              ;; 打开返回
        set shape "robot with rock"      ;; 把它的形状设置为拿着石头的那个
      ]
      if count patches in-radius 1 with [pcolor = yellow] >= 2 [
        ask myself [set usingPheromone? true]
      ]
    ]
  ]
end
```

3.3 返回基地子过程，如果机器人找到了基地，它会扔下石头，重新开始搜索；否则，它应该继续向基地前进。

```
to return-to-base
  ifelse pcolor = green [                ;; 如果地块颜色是绿色，即找到了基地
    set shape "robot"                    ;; 改变机器人的形状为一个不再拿石头的形状，并开始再次搜索
    set returning? false
    set searching? true
    if random 100 < percentChanceToFollowPheromone[    ;; 设置信息素检测开启概率值
      set usingPheromone? true           ;; 如果检测激活，打开信息素
      set searching? false               ;; 关闭搜索
      check-for-trails                   ;; 检查踪迹
    ]
  ][                                     ;; 否则，还没找到基地——面对基地
```

```
        facexy 0 0
        if usingPheromone? [
          ask patch-here [
            if pcolor != yellow [
              set pcolor cyan
              set pheromoneCounter pheromoneDuration
            ]
          ]
        ]
      ]
    ]
end
```

3.4 机器人移动子过程。

```
to wiggle
  right random maxAngle                ;; 向右转 0 ～ maxAngle 度
  left random maxAngle                 ;; 向左转 0 ～ maxAngle 度
  if pcolor = black [ facexy 0 0 ]     ;; 如果撞上了行星的边缘，那么掉头面向原点
  forward 1                            ;; 前进一个地块
end
```

3.5 更新信息素子过程。

```
to update-pheromone
  ask patches [                        ;; 管理地块上的信息素
    if pheromoneCounter = 1 [          ;; 处理信息素浓度分别降到 1 的情况
      set pheromoneCounter   0
      set pcolor baseColor
    ]
    if pheromoneCounter > 1 and pheromoneCounter <= 50 [set pcolor cyan - 13]
      if pheromoneCounter > 50 and pheromoneCounter <= 100 [set pcolor cyan - 10]
        if pheromoneCounter > 0 [set pheromoneCounter pheromonecounter - 1]
  ]
end
```

3.6 更新机器人状态子过程，在所有岩石被取回后让机器人回到基地。

```
to update-robot-state
  if not any? patches with [pcolor = yellow][
    set numberOfRocks 0
    ask robots[
      set searching? false
      set returning? true
      while [pcolor != green][
        return-to-base                 ;;3.3 返回基地
        fd 1
      ]
    ]
    stop
  ]
end
```

4. 模型运行结果

实验参数取值如下：

机器人数量：numberOfRobots=20。

个体 Agent 最大摆角度：maxAngle=20。

单个岩石数：singleRocks=50。

簇岩石数：clusterRocks=25。

大簇岩石数：largeClusterRocks=5。

信息素持续期：pheromoneDuration=490。

跟踪信息素的概率百分比：percentChanceToFollowPheromone=72%。

用于监测进行实验的机器人取回岩石数量随时间变化的变量如下：

rockets-num：机器人取回岩石数量。

机器人搜索过程和算法收敛过程如图 4.8 和图 4.9 所示。

图 4.8 机器人搜索过程

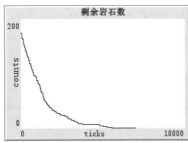

图 4.9 算法收敛过程

第5章　飞鸟与粒子

本章导读

　　粒子群算法（PSO）的思想源于对鸟/鱼群捕食行为的研究，模拟鸟集群飞行觅食的行为，鸟之间通过集体的协作使群体达到最优目的，是一种基于 Swarm Intelligence 的优化方法。在粒子群算法中，粒子的位置即代表了问题的解，它没有遗传算法的"交叉"（Crossover）和"变异"（Mutation）操作，而是通过追随当前搜索到的最优值来寻找全局最优解。粒子群算法与其他现代优化方法相比的一个明显特色就是所需要调整的参数很少、简单易行，收敛速度快，已成为现代优化方法领域研究的热点。PSO 算法是一种随机的、并行的优化算法。它的优点是：不要求被优化函数具有可微、可导、连续等性质，收敛速度较快，算法简单，容易编程实现。

　　本章介绍了 PSO 算法的基础知识和基本实现技术，结合 PSO 算法求解车辆加速度参数优化问题和建筑物人员疏散问题等案例模型。

本章关键词

　　粒子群算法；适应度函数；优化研究

5.1　粒子群算法概述

5.1.1　引言

　　粒子群算法（Particle Swarm Optimization，PSO）最早是由 Eberhart 和 Kennedy 于 1995 年提出的，它的基本概念源于对鸟群觅食行为的研究。设想这样一个场景：一群鸟在随机搜寻食物，在这个区域里仅有一块食物，全部的鸟都不知道食物在哪里，可是它们知道当前的位置离食物还有多远。那么找到食物的最优策略是什么呢？最简单有效的就是搜寻眼下离食物最近的鸟的周围区域。

　　PSO 就是从这样的生物种群行为特性中得到启示并用于求解优化问题。在 PSO 中，每一个优化问题的潜在解都能够想象成 d 维搜索空间上的一个点，我们称之为"粒子"（Particle），全部的粒子都有一个被目标函数决定的适应值（Fitness Value），每一个粒子速度决定了它们飞行的方向和距离，然后粒子们就追随当前的最优粒子在解空间中搜索。Reynolds 对鸟群飞行的研究发现，鸟仅仅是追踪它有限数量的邻居但最终总体结果是整个鸟群好像在一个中心的控制之下，即复杂的全局行为是由简单规则的相互作用引起的。

　　在 PSO 中，每个优化问题的解都是搜索空间中的一只鸟，称为"粒子"。所有的粒子都具有一个位置向量（粒子在解空间的位置）和速度向量（决定下次飞行的方向和速度），并可以根据目标函数来计算当前的所在位置的适应值（Fitness Value）。在每次的迭代中，种群中的粒子除了根据自身的"经验"（历史位置）进行学习以外，还可以根据种群中最优粒子的"经验"来学习，从而确定下一次迭代时需要如何调整和改变飞行的方向和速度。就这样逐步迭代，最终整个种群的粒子都会逐步趋于最优解。

PSO 也是起源于对简单社会系统的模拟，最初设想是模拟鸟群觅食的过程，但后来发现 PSO 是一种很好的基于迭代的优化工具。系统初始化为一组随机解，通过迭代搜寻最优值。但是并没有遗传算法用的交叉（Crossover）以及变异（Mutation），而是粒子在解空间追随最优的粒子进行搜索。

5.1.2　粒子群算法的基本流程

PSO 就是模拟一群鸟寻找食物的过程，每只鸟就是 PSO 中的粒子，也就是需要求解问题的可能解。这些鸟在寻找食物的过程中，不停改变自己在空中飞行的位置与速度。鸟群在寻找食物的过程中，开始会比较分散，但逐渐就会聚成一群，这个鸟群忽高忽低、忽左忽右，直到最后找到食物。我们将这个过程转化为一个数学问题。

例如，寻找函数 $F(x,y)=x^2+y^2$，x 和 y 的取值范围在 [-6,6] 平面区域 A 内。

为了得到该函数的最大值，我们在 A 区域内随机地分布一些点，并且计算这些点的函数值，同时给这些点设置一个速度。之后这些点就会按照一定的公式更改自己的位置，到达新位置后，再计算这些点的值，然后再按照一定的公式更新自己的位置。直到最后在 $x=y=0$ 这个点停止自己的更新。最后所有的点都集中在最大值的地方。

这个过程与粒子群算法作为对照如下：这些点就是粒子群算法中的粒子。该函数的最大值就是鸟群中的食物。计算点的函数值就是粒子群算法中的适应值，计算用的函数就是粒子群算法中的适应度函数。更新自己位置的公式就是粒子群算法中的位置速度更新公式。图 5.1 为这个算法运行的几次更新过程。

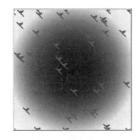  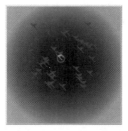 

　（a）初始化　　　　（b）第 1 次更新位置　　（c）第 5 次更新位置　　（d）最后的结果

图 5.1　粒子群算法运行过程

粒子群算法的伪代码如下：

```
for each particle
    initialize particle
end
do
    for each particle
        calculate fitness value
            if the fitness value > the best fitness value (pBest) in history
                set current value as the new pBest
    end
    set gbest the best fitness value of all the particles
```

```
for each particle
    calculate particle velocity
    update particle position
end
while maximum iterations or minimum error criteria is not attained
```

标准 PSO 流程如下：

1. 初始化

首先，设置最大迭代次数、目标函数的自变量个数、粒子的最大速度，位置信息为整个搜索空间，并在速度区间和搜索空间上随机初始化速度和位置，设置粒子群规模为 M，每个粒子随机初始化一个速度。

2. 个体极值与全局最优解

定义适应度函数，个体极值为每个粒子找到的最优解，从这些最优解找到一个全局值，称为本次全局最优解。与历史全局最优比较，并进行更新。

3. 终止条件

（1）达到设定迭代次数。

（2）代数之间的差值满足最小界限。

以上就是最基本的一个标准 PSO 流程。和其他群智能算法一样，PSO 在优化过程中，种群的多样性和算法的收敛速度之间始终存在矛盾。对标准 PSO 的改进，无论是参数的选取、小生境技术的采用或是其他技术与 PSO 的融合，其目的都是希望在加强算法局部搜索能力的同时，保持种群的多样性，防止算法在快速收敛的同时出现早熟收敛。

5.1.3　粒子群算法的应用

PSO 的优势在于容易实现并且没有许多参数的调节，目前已被广泛应用于函数优化、神经网络训练、模糊系统控制以及其他遗传算法的应用领域。

随着 PSO 的不断发展，研究者已尝试着将其用于各种工程优化问题。例如将粒子群优化算法应用于分时供电优化调度系统，获得最优分时供电方案以指导生产；应用粒子群算法解决互联网络服务质量路由问题。PSO 还在多峰值函数优化、多目标优化和约束优化等方面取得了很好的效果。利用 PSO 还可实现对各种连续和离散控制变量的优化。

PSO 在人工神经网络优化方面取得了良好的效果。利用它可实现对人工神经网络权值和网络模型结构的优化。Van den Bergh 和 Engelrech 提出的协同 PSO 在训练求解分类与函数逼近问题的神经网络时，所达到的精度及泛化能力要优于基于梯度的学习方法及遗传算，这方面的成果已应用于医学中震颤行为的分析和设计电力变压器的智能保护机制等。

5.2　粒子群算法的基本实现技术

5.2.1　标准 PSO 及其扩展

1. PSO 核心算子

PSO 是基于群体的，根据对环境的适应度将群体中的个体移动到好的区域。然而它不对个体使用演化算子，而是将每个个体看作 D 维搜索空间中的一个没有体积的微粒（点），在搜索空间中以一定的速度飞行，这个速度根据它本身的飞行经验和同伴的飞行经验来动态调整。第 i 个微粒表示为 $X_i=(x_{i1}, x_{i2}, \cdots, x_{iD})$，它经历过的最好位置（有最好的适应值）记为 $P_i=(p_{i1}, p_{i2}, \cdots, p_{iD})$，也称为 pbest。在群体所有微粒经历过的最好位置的索引号用符号 g 表示，即 p_g，也称为 gbest。微粒 i 的速度用 $V_i=(v_{i1}, v_{i2}, \cdots, v_{iD})$ 表示。对每一代，它的第 d 维（$1 \leqslant d \leqslant D$）根据如下方程进行变化：

$$v_{id} = w\, v_{id} + c_1\, rand\,()\,(p_{id}\text{-}x_{id}) + c_2\, Rand\,()\,(p_{gd}\text{-}x_{id}) \tag{5-1}$$

$$x_{id} = x_{id} + v_{id} \tag{5-2}$$

式中：w 为惯性权重（inertia weight）；c_1 和 c_2 为加速常数（Acceleration Constants）；$rand\,()$ 和 $Rand\,()$ 为两个在 [0,1] 范围里变化的随机值。

PSO 的搜索性能取决于其全局探索和局部细化的平衡，这在很大程度上依赖于算法的控制参数，包括粒子群初始化、惯性因子 w、最大飞行速度和加速常数等。

（1）PSO 算法具有以下优点：

1）不依赖于问题信息，采用实数求解，算法通用性强。

2）需要调整的参数少，原理简单，容易实现，这是 PSO 的最大优点。

3）协同搜索，同时利用个体局部信息和群体全局信息指导搜索。

4）收敛速度快，算法对计算机内存和 CPU 要求不高。

5）更容易飞越局部最优信息。对于目标函数仅能提供极少搜索最优值的信息，在其他算法无法辨别搜索方向的情况下，PSO 的粒子具有飞越性的特点使其能够跨过搜索平面上信息严重不足的障碍，飞抵全局最优目标值。

（2）同时，PSO 的缺点也是显而易见的：

1）算法局部搜索能力较差，搜索精度不够高。

2）算法不能绝对保证搜索到全局最优解，主要有两方面的原因：

A．有时粒子群在俯冲过程中会错失全局最优解。粒子飞行过程中的俯冲动作使搜索行为不够精细，不容易发现全局最优目标值，所以对粒子的最大飞行速度进行限制既是为了使粒子不要冲出搜索区域的边界，也是为了使搜索行为不至于太粗糙。

B．应用 PSO 处理高维复杂问题时，算法可能早熟收敛，也就是粒子群在没有找到全局最优信息之前就陷入停顿状态，飞行的动力不够，粒子群丧失了多样性，各粒子之间的抱合力增强，紧紧地聚集在一起，并且它们的飞行速度几乎为零。虽然此时粒子距离全局最优解并不远，但是几乎为零的飞行速度使其跳不出停滞不前的状态，各个粒子"力不从心"。这些停滞不前的早熟点未必都是局部最优点，也可能是位于局部最优点邻域内的其他点，这一点与梯度搜索法不同。梯度搜索法如果出现早熟，通常只会陷入局部最优点，而不可能陷入局部最优点邻域内的其他点。

（3）算法搜索性能对参数具有一定的依赖性。对于特定的优化问题，如果用户经验不足，参数调整的确是个棘手的问题。参数值的大小直接影响到算法是否收敛以及求解结果的精度。

（4）PSO 是一种概率算法，算法理论不完善，缺乏独特性，理论成果偏少。从数学角度严格证明算法结果的正确性和可靠性还比较困难；缺少算法结构设计和参数选取的实用性指导原则，特别是全局收敛研究和大型多约束非线性规划的研究成果非常少。

2. 标准的粒子群算法（局部版本）

在全局版的标准粒子群算法中，每个粒子的速度的更新是根据两个因素来变化的。这两个因素是：粒子自己历史最优值 p_i 和粒子群体的全局最优值 p_g。

如果改变粒子速度更新公式，让每个粒子的速度的更新根据以下两个因素更新：

（1）粒子自己历史最优值 p_i。

（2）粒子邻域内粒子的最优值 p_{n_k}。

其余保持跟全局版的标准粒子群算法一样，这个算法就变为局部版的粒子群算法。

一般一个粒子 i 的邻域随着迭代次数的增加而逐渐增加，开始第一次迭代，它的邻域为 0，随着迭代次数邻域线性变大，最后邻域扩展到整个粒子群，这时就变成全局版本的粒子群算法了。经过实践证明：全局版本的粒子群算法收敛速度快，但是容易陷入局部最优。局部版本的粒子群算法收敛速度慢，但是很难陷入局部最优。现在的粒子群算法大都在收敛速度与摆脱局部最优这两个方面下功夫。这两个方面是矛盾的，需要研究如何更好地折中。

3. 标准粒子群算法的变形

标准粒子群算法的变形主要是对标准粒子群算法的惯性因子、收敛因子（约束因子）、"认知"部分的 c_1、"社会"部分的 c_2 进行变化与调节，希望获得好的效果。

惯性因子的原始版本是保持不变的，后来有人提出随着算法迭代的进行，惯性因子需要逐渐减小的思想。算法开始阶段，大的惯性因子可以使算法不容易陷入局部最优，但到算法的后期，小的惯性因子可以使收敛速度加快，收敛更加平稳，不至于出现振荡现象。经过测试，动态的减小惯性因子 w 的确可以使算法更加稳定，效果比较好。但是递减惯性因子采用什么样的方法呢？人们首先想到的是线性递减，这种策略的确很好，但是是不是最优的呢？研究结果指出：线性函数的递减优于凸函数的递减策略，但是凹函数的递减策略又优于线性的递减，经过测试，实验结果基本符合这个结论，但是效果不是很明显。

对于收敛因子，经过证明：如果收敛因子取 0.729，可以确保算法的收敛，但是不能保证算法收敛到全局最优。对于社会与认知的系数 c_2、c_1 也有人提出 c_1 先大后小，而 c_2 先小后大的思想。因为在算法运行初期，每只鸟要有大的自己的认知部分而又比较小的社会部分，这个与一群人找东西的情形比较接近。因为在找东西的初期，我们基本依靠自己的知识去寻找，而当我们积累的经验越来越丰富时，大家开始逐渐达成共识（社会知识），并依靠社会知识来寻找东西。

2007 年，希腊的两位学者提出将收敛速度比较快的全局版本的粒子群算法与不容易陷入局部最优的局部版本的粒子群算法相结合的办法（公式 5-3 和公式 5-4）。

$$v=n*v（全局版本）＋（1-n）*v（局部版本） \quad 速度更新公式，v 代表速度 \quad (5-3)$$

$$w（k＋1）=w（k）＋v \quad 位置更新公式 \quad (5-4)$$

4. 粒子群算法的混合

粒子群算法的混合主要是将粒子群算法与各种算法相混合，例如将它与模拟退火算法或单纯形方法相混合。最多的是将它与遗传算法的混合。根据遗传算法的三种不同算子可以生成三种不同的混合算法。

粒子群算法与选择算子的结合思想是：在原来的粒子群算法中，我们选择粒子群群体的最优值作为 p_g，但是相结合的版本是根据所有粒子的适应度的大小给每个粒子赋予一个被选中的概率，然后依据概率对这些粒子进行选择，被选中的粒子作为 p_g，其他的情况都不变。这样的算法可以在算法运行过程中保持粒子群的多样性，但是致命的缺点是收敛速度缓慢。

粒子群算法与杂交算子的结合思想与遗传算法的基本一样，在算法运行过程中根据适应度的大小，粒子之间可以两两杂交，比如用一个很简单的公式：

$$w（新）=n×w_1＋（1-n）×w_2 \tag{5-5}$$

w_1 与 w_2 就是这个新粒子的父辈粒子。这种算法可以在算法的运行过程中引入新的粒子，但是算法一旦陷入局部最优，那么粒子群算法将很难摆脱局部最优。

粒子群算法与变异算子的结合思想：测试所有粒子与当前最优的距离，当距离小于一定的数值的时候，可以拿出所有粒子的一个百分比（如 10%）的粒子进行随机初始化，让这些粒子重新寻找最优值。

5. 二进制粒子群算法

最初的 PSO 是从解决连续优化问题发展起来的。Eberhart 等又提出了 PSO 的离散二进制版，用来解决工程实际中的组合优化问题。他们在提出的模型中将粒子的每一维及粒子本身的历史最优、全局最优限制为 1 或 0，而速度不做这种限制。用速度更新位置时，设定一个阈值，当速度高于该阈值时，粒子的位置取 1，否则取 0。二进制 PSO 与遗传算法在形式上很相似，但实验结果显示，在大多数测试函数中，二进制 PSO 比遗传算法速度快，尤其在问题的维数增加时。

5.2.2　解的空间表示与参数选择

1. 解的空间表示

与遗传算法一样，将 PSO 应用于优化问题有两个关键步骤：解的空间表示和适应度函数。

PSO 的优点之一是它可以自然地处理实数，因此粒子在参数空间中移动，不需要中间编码。但在遗传算法中，必须使用可由遗传算子操作的字符串（通常是二进制）问题的编码。

例如，如果我们试图找到一个函数 $f（x）= x_1\verb|^|2 + x_2\verb|^|2+x_3\verb|^|2$，粒子立即被定义为（$x_1$, x_2, x_3），适应度函数就是 $f（x）$ 本身。

因此，搜索过程变成了一个非常接近于要解决的实际问题的迭代过程，其中停止条件是通过达到最大迭代次数或满足最小错误条件而给出的。

2. 参数选择

参数 w、c_1、c_2 的选择分别关系粒子速度的三个部分——惯性部分、社会部分和自身部分在搜索中的作用。如何选择、优化和调整参数，使得算法既能避免早熟又能比较快地收敛，对工程实践有着重要意义。

（1）惯性权重 w 描述粒子上一代速度对当前代速度的影响。w 值较大，全局寻优能力强，局部寻优能力弱；反之，则局部寻优能力强。当问题空间较大时，为了在搜索速度和搜索精度之间达到平衡，通常做法是使算法在前期有较高的全局搜索能力以得到合适的种子，而在后期有较高的局部搜索能力以提高收敛精度，所以 w 不宜为一个固定的常数。

w_{max} 为最大惯性权重，w_{min} 为最小惯性权重，run 为当前迭代次数，run_{max} 为算法迭代总次数。较大的 w 有较好的全局收敛能力，较小的 w 则有较强的局部收敛能力。因此，随着迭代次数的增加，惯性权重 w 应不断减少，从而使粒子群算法在初期具有较强的全局收敛能力，而晚期具有较强的局部收敛能力。

（2）学习因子 $c_2=0$ 称为自我认识型粒子群算法，即"只有自我，没有社会"，完全没有信息的社会共享，导致算法收敛速度缓慢；学习因子 $c_1=0$ 称为无私型粒子群算法，即"只有社会，没有自我"，会迅速丧失群体多样性，容易陷入局部最优解而无法跳出；c_1、c_2 都不为 0，称为完全型粒子群算法。完全型粒子群算法更容易保持收敛速度和搜索效果的均衡，是较好的选择。

（3）群体大小 m 是一个整数，m 很小时陷入局部最优解的可能性很大；m 很大时 PSO 的优化能力很好。但是当群体数目增长至一定水平时，m 的再增长将不再有显著作用，而且数目越大计算量也越大。m 一般取 20 ~ 40，对较难或特定类别的问题可以取到 100 ~ 200。

（4）粒子群的最大速度 V_{max} 对维护算法的探索能力与开发能力的平衡很重要，V_{max} 较大时，探索能力强，但粒子容易飞过最优解；V_{max} 较小时，开发能力强，但是容易陷入局部最优解。V_{max} 一般设为每维变量变化范围的 10% ~ 20%。

5.2.3 适应度评价函数

个体的适应度（Fitness）指的是个体在种群生存的优势程度度量，用于区分个体的"好与坏"。适应度使用适应度函数（Fitness Function）来进行计算。适应度函数也叫评价函数，主要是通过个体特征来判断个体的适应度。

数字优化问题是由适应度评价函数决定的。适应度评价函数是实值代价函数在包含模拟视场的二维单元网格上的离散投影。下面将介绍几个可用的基准适应度评价函数集。我们提供了每个问题的名称、特征、二维曲面图、函数定义、范围、最优解和最优代价：Sphere、Rastrigin、Rosenbrock、Himmelblau（图 5.2）。

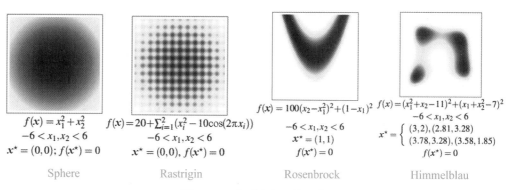

Sphere	Rastrigin	Rosenbrock	Himmelblau

$$f(x) = x_1^2 + x_2^2$$
$$-6 < x_1, x_2 < 6$$
$$x^\star = (0,0); f(x^\star) = 0$$

$$f(x) = 20 + \sum_{i=1}^2 (x_i^2 - 10\cos(2\pi x_i))$$
$$-6 < x_1, x_2 < 6$$
$$x^\star = (0,0), f(x^\star) = 0$$

$$f(x) = 100(x_2 - x_1^2)^2 + (1 - x_1)^2$$
$$-6 < x_1, x_2 < 6$$
$$x^\star = (1,1)$$
$$f(x^\star) = 0$$

$$f(x) = (x_1^2 + x_2 - 11)^2 + (x_1 + x_2^2 - 7)^2$$
$$-6 < x_1, x_2 < 6$$
$$x^\star = \begin{cases} (3,2), (2.81, 3.28) \\ (3.78, 3.28), (3.58, 1.85) \end{cases}$$
$$f(x^\star) = 0$$

图 5.2　几个适应度评价函数

因此，鸟群会在上述适应度评价函数投射到二维视图区域中"寻找食物"，在二维视图中，值较低的点显示为黑色，而值较高的点显示为白色，中间值显示为黄色阴影。由于模型的目的是优化，因此目标是找到一个点，使在每个单元格的坐标下评估的成本函数的值达到最优。

5.3　车辆加速度参数优化问题

1. 问题背景

粒子群算法中每一个粒子的位置代表了待求问题的一个候选解。每一个粒子的位置在空间内的好坏由该粒子的位置在待求问题中的适应度值决定。每一个粒子在下一代的位置由其在这一代的位置与其自身的速度矢量决定。其速度决定了粒子每次飞行的方向和距离。在飞行过程中，粒子会记录下自己所到过的最优位置 P，群体也会更新群体所到过的最优位置 G。粒子的飞行速度则由其当前位置、粒子自身所到过的最优位置、群体所到过的最优位置以及粒子此时的速度共同决定。

在二维空间中,有一个未知函数 $f(x,y)$,我们试着找出 x 和 y 的值,使 $f(x,y)$ 最大化。$f(x,y)$ 有时被称为适应度函数,因为它决定了每个粒子在空间中的当前位置有多好。适应度函数有时也被称为"评价函数",因为它可能由许多极小值和极大值组成。

随机搜索是不断随机选择 x 和 y 的值,并记录找到的最大结果。对于许多搜索空间,这是无效的,因此使用了其他更智能的搜索技术。粒子群优化就是这样一种技术。粒子被放置在搜索空间中,并根据每个粒子的个人知识和全局"群"知识的规则在空间中移动。通过它们的运动,粒子发现了特别高的 $f(x,y)$ 值。

更新规则。PSO 初始化为一群随机粒子(随机解),然后通过迭代找到最优解。在每一次的迭代中,粒子通过跟踪两个极值(pbest,gbest)来更新自己。在找到这两个最优值后,粒子更新自己的速度和位置。

在这个模型中,粒子群试图优化一个由视图中所示的离散网格中的值决定的函数。适应度评价函数是通过为每个网格单元随机分配值来创建的,然后执行扩散来平滑这些值,从而产生大量的局部极小值(山谷)和极大值(山丘)。选择这个函数仅仅是为了说明。作为 PSO 算法实际应用的一个更可信的例子,变量 $(x,y,z,\cdots)$ 可能对应于股票市场预测模型的参数,函数 $f(x,y,z,\cdots)$ 可以在历史数据上评估模型的性能。

每个粒子在搜索空间中都有一个位置 (x_{cor},y_{cor}) 和一个速度 (v_x,v_y),在这个空间中运动。粒子有一定的惯量,这使得它们沿着它们之前运动的方向运动。

它们也有加速度(速度变化量),这取决于两个主要因素:

(1)每个粒子都被吸引到它先前在其历史上找到的最佳位置(个人最佳位置)。

(2)每个粒子都被吸引到搜索空间中任何粒子所找到的(全局最佳)的最佳位置。

粒子被拉向这些方向的强度取决于个人最佳(ATTRACTION-TO-PERSONAL-BEST)和全局最佳(ATTRACTION-TO-GLOBAL-BEST)的参数。当粒子远离这些"最佳(best)"位置时,引力会变得更强。还有一个随机因素关于粒子被拉向这些位置的程度。

在构建模拟过程的模型时,最常见的问题之一是,在定义了许多参数之后,为了提供更大的灵活性和通用性,以涵盖流程中最多样化的情况,我们并不知道这些参数的哪些值会产生有趣的行为。要解决这个问题,我们要做的第一件事就是像做蛋糕一样在参数空间中循环。

单击这里和那里查看模型在这些孤立点上的行为,并希望识别所探索的区域和所观察到的行为之间的关系。这个在参数空间中搜索的问题,虽然很常见,但并没有得到普遍的解决,因为空间的维度通常是高的(就像我们引入的参数一样),许多参数可以取连续的值(许多参数通常取 R 范围内的值),不同参数之间的相互关系结构往往是复杂的,远离线性行为。

在这种情况下,我们将看到一个非常特殊的例子,说明如何调整这些参数以达到特定的目的,这是我们可以在模型上执行的一些测量(以可测量变量的形式)的优化所产生的结果。虽然它将以一个具体的例子的形式提出,但我们希望能够提出一种可以适用于许多其他情况的相对一般的方法。

模型的目标不是提供一个通用的工具或方法,而是展示如何适当地组合不同的模型,以促进对其中一个模型的行为的探索。模型的"组合",在这种特殊情况下,这将通过调整以前在 NetLogo 中已实现的系统模型来实现。毫无疑问,这不是最合适的语言来创作这类作品，因为它不允许任何类似于过程封装或使用独立工作空间的东西，但是 NetLogo 可以很容易地创建、调整和可视化我们模型的结果。

特别是，通过选择一个易于在 NetLogo 中实现的优化系统，我们将展示如何在车辆模型（M）上应用基于 PSO 的优化。

M 有几个可以调整的参数，这些参数决定了模型的演化。

在同一个模型中，我们可以根据它的执行情况采取各种措施。

我们设置了它的一些参数，并释放了其他一些参数：p_1，…，p_n。

在 M 中，我们设置了一个可测量的结果：r_1。

因此，我们可以将模型解释为一个函数，它接收作为输入数据（p_1，…，p_n) 并返回 r_1：我们将用相同的字母 M（p_1，…，p_n）=r_1 来注意这个函数。

优化模型 M 的思想是看从这个度量中得到的参数值的最大值是多少，换句话说，优化与 M 相关的前一个函数。

任何基本的优化课程（或快速搜索 Internet 优化资源）都显示了许多不同的功能优化方法。如前所述，我们将在本例中使用 PSO 来优化计算 M 的函数，因为它的行为非常简单，并且已经在 NetLogo 中实现了它。由于计算 M 的函数通常不能直接用数学表达式计算，因此我们必须运行相关的模型，并在模型允许其演化后直接测量 r_1 的值。为了在 NetLogo 中做到这一点，我们必须将 PSO 和 M 模型结合起来，以便在公共编程空间中运行它们；为了做到这一点，我们必须注意一些细节。

从编程的角度来看，这两个模型应该分开。也就是说，它们不应该有共同的对象：既不应该有海龟品种，也不应该有全局变量、地块变量（这是无法完全定制的唯一智能体集）和过程名。

由于函数的计算必须从每个粒子开始，因此必须将从 M 模型中获得的参数作为粒子的属性添加。事实上，在 PSO 的具体情况下，这些变量将被用作粒子的坐标，因为它们表示粒子的运动空间。如果只有 2 个，我们可以适当地重用 x_{cor}/y_{cor}，使参数空间中的粒子运动与 NetLogo 世界中与 PSO 相关的海龟种族运动相对应。

必须定义一个评价函数（由粒子执行），其作用如下：根据存储在粒子上的参数运行 M 的设置，根据粒子的信息准备 M 的初始状态。

从初始状态运行 M 模型。为此，通常会执行一些预先设置的步骤，或者直到满足某个条件为止。

一旦 M 停止（或我们已经停止），它将被测量并返回 r_1 的值。在某些情况下，我们可能有兴趣在模型执行过程中返回一些考虑的聚合作为度量，例如在执行过程中某个变量的值的平均值。

如果模型包含某种随机性，那么最好将此步骤重复几次，直到函数返回 r_1 测量值的平均值（可能还有标准差或任何其他测量值）。

为了在一个简单的模型上演示上述内容，我们将使用 Traffic Basic 模型。这个模型显示了汽车在道路上的运动。每辆车都遵循一套非常简单的规则：如果你看到前面有一辆车，就刹车；如果前面没有，就加速。该模型表明，交通堵塞可以在不发生交通事故、交通堵塞或车辆超速的情况下发生。也就是说，交通堵塞的存在不需要集中原因，而是由汽车自身的加速和减速效应引起的。

模型取决于三个参数：

● 汽车数量：由于空间有限，汽车数量越多，每辆车刹车的可能性就越大。
● 加速度：表示没有其他车辆时每辆车的加速度。
● 减速度：表示每辆车在前面遇到另一辆车时的制动。

我们只使用 PSO 中的两个参数：允许范围为 [0,0.01]×[0,0.1] 的加速 / 减速，因为我们将测量所有汽车在 500 步后的平均速度。因此，我们要优化的函数是：

$m(a,d)$= 汽车的平均速度

我们预先设置了汽车的数量，以及允许对正在优化的模型进行的迭代的数量。只保留两个参数仅仅是为了简化优化过程的可视化，因为这样就可以将粒子坐标 (x_{cor}, y_{cor}) 与定义每个车辆模型执行的参数关联起来。为此，我们必须记住，要把粒子在世界上的坐标转换成参数空间的适当值。具体来说，如果世界的维度是 [-25,25]×[-25,25]，则对于世界上粒子的坐标 (x,y)，我们必须将其变换：

$(x,y) \rightarrow ((25 + x) / 5000，(25 + y) / 500)$

2．模型设计

（1）智能体设计。

设计智能体 particles 和 cars。particles 是将在 PSO 中使用的海龟品种。

```
particles-own [                      ;;PSO 粒子属性
  v                                  ;; 瞬时粒子速度矢量
  personal-best-val                  ;; 粒子发现的最好价值
  personal-best-x                    ;; 最佳值的 x 坐标
  personal-best-y                    ;; 最佳值的 y 坐标
]
cars-own [                           ;; 优化车辆模型 M 的性能
  speed                              ;; 瞬时车速
  speed-limit
  speed-min
]
```

（2）环境设计。

初始化环境场景：

setup-patches——初始化环境世界。

setup-particle——初始化粒子。创建粒子，初始化粒子的位置和速度。我们计算了粒子的初始值，它是由车辆模型（Traffic Basic）给出的，带有与粒子坐标相关的加速 / 减速参数。

black-box-function——优化函数。这是真正优化加速度 a 和减速度 d 的函数 $M(a,d)$，返回要优化的函数值：汽车的平均速度。允许使用汽车模型进行计算。

（3）算法设计。

iterate-particles-val——3.1 迭代更新每个粒子的值，更新所有 Agent 的局部最优位置参数。如果全局最佳参数小于任何个体最佳位置参数，则将该个体最佳位置参数赋予全局最佳位置参数。

iterate-particles-v-x-y——3.2 迭代更新每个粒子的位置 / 速度。Agent 的速度等于当前速度乘以惯性参数，然后根据个体经过的最佳位置坐标以速度更新公式的速度更新所有个体 Agent 速度以及行进方向。

（4）实验参数设置及说明（对于实验参数的设置及说明见表 5-1）。

表 5-1 PSO 模型的实验参数说明

参数名称	参数说明	取值范围
population-size	粒子数量	1 ～ 100
particle-inertia	个体 Agent 的惯性参数	0 ～ 1
particle-speed-limit	个体 Agent 最大速度限制	1 ～ 20
attraction-to-personal-best	个体最佳位置的吸引力参数	0 ～ 1
attraction-to-global-best	全局最佳位置的吸引力参数	0 ～ 1

3. 主要算法代码

主要运行过程如下：

```
to go
    iterate-particles-val              ;; 3.1 迭代更新每个粒子的值
    iterate-particles-v-x-y            ;; 3.2 迭代更新每个粒子的位置 / 速度
    ask particles [                    ;; 防止粒子彼此过于接近
        ask other particles in-radius 2 [
            face myself fd -1 / distance myself
        ]
    ]
    tick
end
```

3.1 迭代更新每个粒子的值子过程。

```
To iterate-particles-val
    ask particles [
        let val black-box-function ((xcor + 25) / 5000) ((ycor + 25) / 500)   ;; 平均车速 val
        set label precision val 2
        ;; 如果发现一个比已存储的值更好的值，更新每个粒子的 "最佳个人价值" 及相应位置
        if val > personal-best-val [
            set personal-best-val val
            set personal-best-x xcor
            set personal-best-y ycor
        ]
        if global-best-val < personal-best-val [       ;; 如有需要，更新最佳整体
            set global-best-val personal-best-val
            set global-best-x personal-best-x
            set global-best-y personal-best-y
        ]
        if global-best-val = val [watch-me]            ;; 如果粒子具有全局最佳，则突出显示
    ]
end
```

3.2 迭代更新每个粒子的位置 / 速度子过程。

```
To iterate-particles-v-x-y
    ask particles [
        set v *v particle-inertia v    ;; 标量积，改变速度，被粒子所发现的 "最佳个人价值" 所吸引
        facexy personal-best-x personal-best-y
        let dist distancexy personal-best-x personal-best-y
```

```
    set v +v v (*v ((1 - particle-inertia) * attraction-to-personal-best * (random-float 1.0) * dist) (list dx dy))
    ;; 向量和 : 改变速度, 被发现的 "全球最佳" 所吸引
    facexy global-best-x global-best-y
    set dist distancexy global-best-x global-best-y
    set v +v v (*v ((1 - particle-inertia) * attraction-to-global-best * (random-float 1.0) * dist) (list dx dy))
    set v map [ a -> ifelse-value (abs a > particle-speed-limit) [sg a * particle-speed-limit][a] ] v
    facexy (xcor + first v) (ycor + last v)    ;; 更新粒子的位置
    fd norma v   ;; 规范化向量
  ]
end
```

4. 模型运行结果

实验参数取值如下 :

粒子数量 : population-size=39。

个体 Agent 的惯性参数 : particle-inertia=0.6。

个体 Agent 最大速度限制 : particle-speed-limit=2.1。

个体最佳位置的吸引力参数 : attraction-to-personal-best=0.2。

全局最佳位置的吸引力参数 : attraction-to-global-best=0.2。

模型输出了 leader 适应度随时间的变化曲线、找到的最佳解的适应度随时间的变化曲线。

基于 PSO 算法的参数优化仿真实验结果如图 5.3 ～图 5.4 所示。

图 5.3　模拟过程

图 5.4　全局适应性

best-value-found（global-best-val）监控器显示集群到目前为止的全局最佳值。也就是说,任何粒子的最佳值是多少。它可以达到的最大值是 1.0, 此时模拟将停止。

5.4　公共建筑物人员疏散问题

公共建筑物人员疏散问题

1. 问题背景

在一些公共场所我们经常看到人口密度极大的人群聚集, 在这些人群高度集中的公共场所中隐藏着极大的安全隐患。通常情况下, 高密度的人群聚集不会引发严重的问题, 可是一旦人群聚集地点发生紧急事故, 将会导致大量人员受伤以及财物损失, 甚至人员的群死群伤等极其惨痛的不良后果。因此, 怎样快速并且有效地疏散公共场所中的人群是一个非常重要且极具实际意义的研究课题。

在本节中，详细阐述了基于多 Agent 的公共场所人群疏散模型研究，主要做了以下几个工作：对传统的路径诱导算法进行分析研究，设计出适合紧急情况的人群疏散算法；从多方面对紧急事故下人群的心理以及行为进行了分析总结，根据疏散人群个体心理以及行为上的相似性，把疏散人群划分为三个不同的种群；以群体行为特征以及个人行为为基础，加入疏散策略或者优化的路径诱导算法，建立了基于多 Agent 的公共场所人群疏散模型；使用 NetLogo 软件平台，对公共场所人群疏散仿真系统进行了设计并且加以实现；基于 PSO 对于人群疏散进行了优化，并在 NetLogo 软件平台上加以实现。

综上，本文基于多 Agent 建模方法对紧急情况下的人群疏散进行了建模并加以研究和完善，然后将疏散策略以及常用的路径诱导算法进行了优化改进，最后基于前面两项工作进行了实验研究。本文的研究成果在一定程度上提升了紧急事故下公共场所的人群安全疏散的速度，提供了三种紧急情况下人群疏散的方法，为后续研究人员深入研究紧急事故下公共场所中的人群疏散具有一定的参考价值以及实践经验。

室内公共场所如超市、学校、大型商场等都是针对室内疏散模型建立的空间载体，室外的公共场所如广场、公园以及类似上海外滩这样的景点等都是对于室外疏散模型建立的空间载体，室外的空间不像室内那么复杂，建模都较为简单。

本节提出了一个粒子群扩展算法——鸽群算法，鸽群算法类似于粒子群算法（PSO），每只鸽子同样由其位置信息和速度信息表示。

鸽群算法旨在找到优化问题的近似解决方案，其决策变量采用实数域内的值。鸽群算法用于寻找解决方案的方法，受到觅食行为或城市鸽子的启发，适应了基于 Agent 模型的框架。其背后的想法是模拟探索输入空间的一只或一群人工鸽子，以便发现有潜在食物来源的区域，即代表最佳化问题合适近似解决方案的区域（图 5.5）。

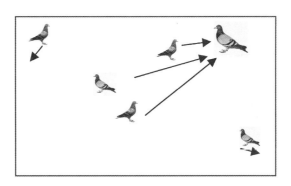

图 5.5 鸽群算法模型原理

用一群人工智能体进行自适应过程来解决优化问题的方法被称为群体智能算法。这种方法没有使用集合变量的数学分析来描述现象，而是诉诸模拟一组个体在模拟环境中的交互作用，并跟踪这些变量的演变。通过这种方式，鸽群算法假设关于问题的全局信息作为算法进化的内在属性出现，这不能被单个智能体的孤立贡献解释。此外，对鸽子鸣叫和漫步的新兴模式的视觉检查，对模拟参数的变化做出反应，可以对问题隐藏的特性提供有用的洞见。

鸽群算法用于数值实值无约束优化，灵感来自城市鸽子的觅食行为。通过模拟鸽子在它们的自然领地（即城市公园）飞行时如何发现食物来源，从而在模拟优化景观中找到有价值的区域或地点。在搜索空间的不同坐标（这里是二维空间）中，景观遵循成本函数的变化。

鸽群算法考虑了三种不同的鸽子角色或智能体类型：一个领导者，是在模拟过程中任何时刻都处于食物最丰富来源的鸽子（颜色为紫红色）；一个追随者，是鸽子追逐领导者，希望得到它的食物（颜色为蓝色）；还有一个步行者，是鸽子漫无目的地四处游荡，但眼睛也在寻找食物（颜色为绿色）。

基于上述鸽群算法的三种不同的鸽子角色，在本文的研究当中，主要将疏散人群分为三个种群，分别是领导型人群、跟随型人群人群以及无目的地型人群。基于前面的章节实验，本文发现在紧急情况下，人群疏散的最终时间主要由后面两种人群主导，所以在本章设计过程中需要考虑的主要因素如下：

（1）目的。该设计旨在模拟城市鸽子的行为，同时在一个模拟的优化景观中寻找食物来源。

（2）智能体。我们定义三种不同的鸽子的角色，即智能体类型：一个领导，在给定的时间步长仿真，位于最丰富的食物来源处的鸽子；追随者，追求的领袖的鸽子，希望分享它的食物；步行者，漫无目的但考虑寻找食物的鸽子。鸽子的数量被称为 POP-SIZE，是固定的。步行人数是由步行人数占总人口的百分比决定的。

（3）环境。鸽子觅食的场景将被表示为二维网格单元。由于模型的目的是优化，因此目标是发现食物密度最大（或最小）的单元，而食物密度最大（或最小）的单元是通过在每个单元的坐标上评估成本函数而得到的。

（4）属性。每只鸽子的特征是在景观中的位置 (x, y) 和感知到的食物密度，这是由在该位置的景观相关的成本函数值给出的。后者又定义了它的适应性。

（5）行为。种群中的所有鸽子都能感觉到谁是领头人（也就是说，我们启用了一个全局信息共享机制）。追随者会向领导者移动，所以它们的位置会在领导者位置的方向上更新。相比之下，步行者可以向任何方向随机移动。用参数 0 < ALPHA < 1 和 0 < SIGMA < 1 来表征追随者和步行者的步数大小。请注意，鸽子在其一生中可能改变它们的角色，这取决于它们的实际适应性。

（6）输入和输出。模型的输入是要优化的成本函数（LANDSCAPE）和参数 POP-SIZE、WALKERS-RATE（步行者率）、ALPHA 和 SIGMA。输出是发现的最丰富的食物来源的单元的位置，也就是在整个模拟过程中鸽子给出的最佳方案。

（7）时间表。鸽子种群的初始位置是在景观的边界内随机分配的。在此之后，每一个时间步，每只鸽子根据自己的角色移动，它的适应性被更新，如果需要，leader 被重新分配。

在模拟的每一步执行 4 个简单的动作：找到领导者、移动追随者、移动步行者和更新到目前为止找到的最佳解决方案。这些行动对应以下例程：FIND-LEADER 寻找领队（选择适合度最好的鸽子为领队，并在必要时更新适合度最好的鸽子）、FOLLOW-MOVE 跟随移动（以步长 ALPHA 移动每一个追随者到领队，加上其方向的随机变化，由于风或碰撞），和 WALK-MOVE 步行移动（以步长 GIYMA 随机移动每一个步行者）。这两个移动规则对应于搜索算法的探索和利用机制。

仿真要么在最大步数（MAX-STEPs）之后终止，要么在过早找到真值最优解时终止。

首先，定义算法参数 POP-SIZE、WALKERS-RATE、ALPHA 和 SIGMA，还可以设置终止条件 MAX-TICKs。然后设置、运行。

2. 模型设计

鸽子种群的初始位置将在景观的边界内随机分配。随后，鸽子在每一次步长中根据自己的角色移动，更新种群适应度。如果需要，将重新分配 leader。当鸽子试图发现景观中有希望的区域时，它们的涌现行为将会显示出来；模拟将展示三种不同的鸽子（领袖、追随者和步行者）及不同颜色（红、蓝、绿），如图 5.6 所示。

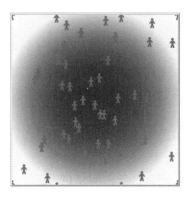

图 5.6　初始化环境

注意，所有的问题都产生了一个恒定的场景（除了随机的），所以可以尝试看看改变不同参数的效果。对于初学者来说，典型的配置可以是：

如果你想突出真正的解决方案或当前领导的位置，请打开聚光灯。

随机问题产生一个不同的风景和真正的解决方案。

（1）智能体设计。设计疏散人员 walkers 和 followers。相关的智能体属性采用系统默认属性。

（2）环境设计。

```
patches-own[
    x          ;; 模拟 pxcor，取决于 vars 的范围
    y          ;; 模拟 pycor，取决于 vars 的范围
    value      ;; 每个 patch 都有一个取决于 cost_function 及其坐标的值。鸽群算法的目标是在
               搜索空间内找到适合度值最好的 patch
]
```

初始化环境场景：

setup-search-landscape——设置搜索适应值函数。

create-walkers-and-followers——创建两个品种的鸽子，并把它们随机地放在世界上。

（3）算法设计。

walk-move——3.1 移动追随者和步行者。

find-leader——3.2 寻找领头鸽（当前迭代中最好的鸽子）并更新其适合度值。

follow-move——3.3 将追随者移向领头鸽。

（4）实验主要参数（表 5-2）。

表 5-2　实验参数的设置及说明

参数名称	参数说明	取值范围
pop-size	粒子数量	0 ～ 40
max-ticks	最大迭代次数	0 ～ 10000
walkers-rate	步行者所占总人数的百分比	0 ～ 1
alpha	追随者与领导者距离比例因子	0 ～ 2
sigma	步行者移动步长的比例因子	0.1 ～ 10

3. 主要算法代码

主运行过程。

```
to go
  reset-timer
  ifelse ticks mod 500 > 400 [
    ask (turtle-set followers walkers) [
      walk-move                    ;; 3.1 移动追随者和步行者
    ]
  ][                               ;; 鸽群正常的搜索移动
    find-leader                    ;; 3.2 寻找领头鸽（当前迭代中最好的鸽子）并更新其适合度值
    ask followers [
      follow-move                  ;; 3.3 将追随者移向领头鸽
    ]
    ask walkers [
      walk-move                    ;; 3.1 移动跟随者和步行者
    ]
    ask global-leader [ set color red ]
  ]
  set global-runtime global-runtime + timer
  if cohesion? [
    set global-cohesion sum [distance global-leader] of followers
    ;; 返回所有跟随鸽 followers 到当前领头鸽 global-leader 距离之和
  ]
  update-spotlight
  tick
  if (ticks > max-ticks) or ((global-best-tick > 0) ) [stop]
end
```

3.1 移动步行者子过程，鸽群胡乱寻找（饥饿）移动。

```
to walk-move
  rt one-of [0 90 180 270]
  fd (sigma * random-normal 0 1)
  set color green
end
```

3.2 寻找领头鸽子过程（当前迭代中最好的鸽子）并更新其适合度值。

```
to find-leader                              ;; 领导者是最好的追随者或步行者
  ask min-one-of (turtle-set followers walkers) [value][     ;; 要求值最小的一个粒子
    set global-leader self                  ;; 刷新当前迭代的领头鸽 update leader
    set global-leader-fitness value
    if global-leader-fitness < [value] of global-best-patch [     ;; 当前领头鸽小于全局最好 patch 值
      set global-best-patch patch-here   ;; 全局最好 patch 值为当前地点
      if global-best-patch = true-best-patch [
        set global-best-tick ticks
      ]
    ]
  ]
end
```

3.2 将追随者移向领头鸽子过程。

```
to follow-move
  face global-leader
  fd (distance global-leader) * alpha
```

```
rt one-of [0 90 180 270]
fd random-normal 0 2            ;; 因碰撞或风引起的小的航线偏移
set color blue
end
```

4. 模型运行结果

实验参数取值如下：

粒子数量：pop-size=50。

最大迭代次数：max-ticks=10000。

步行者所占总人数的百分比：walkers-rate=5%。

跟随者与领导者距离比例因子：alpha=1%。

步行者移动步长的比例因子：sigma=1%。

用于监测所进行实验的变量如下：

global-leader-fitness：全局领导适应性。

value of global-best-patch：全局最优解。

count walkers：滞留人数。

仿真过程和算法收敛过程如图 5.7～图 5.10 所示。

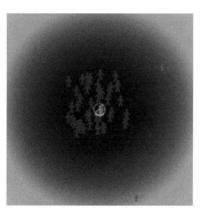

图 5.7　仿真过程

图 5.8　全局领导适应性

图 5.9　全局最优解

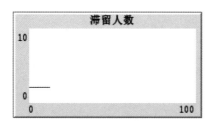

图 5.10　滞留人数

　　可以看到信鸽群从一个局部极小点移动到另一个局部极小点。这是因为每有一定数量的 tick，整个种群就会变成步行者，开始四处寻找其他区域作为食物来源。这一现象可以通过领头鸽在模拟时间轴上的适应度变化来验证，因为它可以在相应的图中看到。尽管如此，最佳解决方案的适应度总是在下降，因为它可以在其各自的图中验证。

第6章　遗传与进化智能体

本章导读

遗传算法是模拟生物在自然环境中的遗传和进化过程而形成的一种自适应全局优化概率搜索算法。在遗传算法中，适应度是描述个体性能的主要指标。遗传算法评价一个解的好坏不是取决于它的解的结构，而是取决于该解的适应度值。根据适应度的大小，对个体优胜劣汰。适应度是驱动遗传算法的动力。这正体现了遗传算法"优胜劣汰"的特点。遗传算法不需要适应度函数满足连续可微等条件，唯一要求是针对输入可计算出能加以比较的非负结果。

本章阐述了遗传算法工作原理以及基于遗传算法的餐厨垃圾收运路线优化和垃圾清理机器人进化模型。

本章关键词

遗传算法；编码；适应度函数；遗传算子；优化

6.1　遗传算法简述

6.1.1　遗传算法的发展历程

遗传算法产生于计算机技术对生物系统的模拟研究。在19世纪40年代，有学者开始将目光投向如何巧妙利用计算机的强大功能对生物界进行模拟。他们站在生物学的层面对生物界的遗传和进化过程进行模拟等。

遗传算法最初是由执教于美国密歇根大学的约翰·霍兰德教授在20世纪60年代末到70年代初提出的，之后由其同事和学生共同研究得出的一套相对系统完整的理论和方法，从自然界正常的生物现象着手，然后模拟生物的自然界机制来搭建人工系统对应的模型。20世纪70年代初，约翰·霍兰德教授经过研究又提出了关于遗传算法的基本定理——模式定理（Schema Theorem）。其为遗传算法的发展打好了良好的理论基础。模式定理阐明的一个基本规律是：在一个群体中，优势个体的数量会按照指数级规律增长，这对于遗传算法可以用来寻找最优可行解在理论上是一个有力的支持。1975年，约翰·霍兰德出版了《自然系统和人工系统的自适应性》一书，这也是当时第一本对遗传算法和人工自适应系统进行系统论述的书籍。在20世纪80年代，约翰·霍兰德教授经过研究又实现了第一个基于遗传算法的机器学习系统——分类器系统（Classifier Systems，CS）。这开创了基于遗传算法的机器学习的新概念，同时也为分类器系统构造出了一个相对比较完整的框架。

在遗传算法有了良好的数学基础支撑后，有学者开始了进一步的完善和研究，这加快了多目标遗传算法的研究进程。基于遗传算法的最常见的多目标优化的方法包括聚合功能的方法、向量评估遗传算法（VEGA），小生境 Pareto 遗传算法（NPGA）、多目标遗传算法（MOGA）、非支配排序遗传算法（NSGA）、帕累托存档演化策略（PAES）、强度帕累托进化算法（SPEA）。这些优化方法在各领域也逐渐得到了研究者的关注。

自 1985 年在美国卡内基·卡梅隆大学召开的第一届国际遗传算法会议（International Conference on Genetic Algorithms：IGGA'85），到 1997 年 5 月 IEEE（Institute of Electrical and Electronics Engineers）的 *Transactions on Evolutionary Computation* 创刊，遗传算法具有适应性和学习性的高性能计算、系统优化和建模方法的研究逐渐走向成熟。

总的来说，遗传算法的研究历史较短，但是在短短 20 多年的不断发展中，其所取得的理论研究和应用成果是极其丰硕的。尤其是最近几年在全世界范围内兴起的进化计算，计算智能显然已经成为人工智能领域中一个重要的研究方面，以及后来兴起的对人工生命的研究，一步步将遗传算法及其相关研究推上了更高的台阶，并且引起了各领域广泛的关注。

6.1.2　遗传算法的基本流程

遗传算法的特点之一就是：在整个进化的过程中，遗传操作是随机性的。但与此同时，在操作过程中它表现出的特点是不执行一个完全随机搜索，而是要充分利用过去的遗传信息在下一代上的优势所需的设定推测。这样不断演进，并最终收敛于个体与环境适应性程度最高，从而获得该问题的最优解。遗传算法通常包括参数编码、适应度函数、初始组、选择算子、交叉算子和变异操作 6 个部分。

标准的遗传算法伪代码如下：

```
* Pc：交叉发生的概率
* Pm：变异发生的概率
* M：种群规模
* G：终止进化的代数
* Tf：进化产生的任何一个个体的适应度函数超过 Tf，则可以终止进化过程
初始化 Pm、Pc、M、G、Tf 等参数。随机产生第一代种群 Pop
do{
    计算种群 Pop 中每一个体的适应度 F(i)
    初始化空种群 newPop
        do{
            根据适应度以比例选择算法从种群 Pop 中选出 2 个个体
            if ( random (0,1) < Pc ){
                对 2 个个体按交叉概率 Pc 执行交叉操作
            }
            if ( random (0,1) < Pm ){
                对 2 个个体按变异概率 Pm 执行变异操作
            }
            将 2 个新个体加入种群 newPop 中
        } until ( M 个子代被创建 )
        用 newPop 取代 Pop
}until ( 任何染色体得分超过 Tf，或繁殖代数超过 G )
```

6.1.3　遗传算法的应用

遗传算法提供了一种求解复杂系统优化问题的通用框架，它不依赖于问题的具体领域，

对问题的种类有很强的鲁棒性，所以广泛应用于很多学科。以下是遗传算法的一些主要应用领域。

（1）函数的优化问题。此问题是遗传算法的一个典型应用领域和评价遗传算法性能的一个常见的例子。许多人已经构建了各种复杂形式的测试，例如离散函数和连续函数、随机函数和确定性函数、高维函数和低维函数、多峰函数和单峰函数等。使用这些几何函数来评估遗传算法的性能能够更好地反映算法的本质。对于一些多型号、多目标和非线性函数的优化问题，难以用其他优化方法来解决，而遗传算法可更方便地获得更好的效果。

（2）组合的优化问题。伴随着问题规模的增大，组合优化问题的搜索空间也急剧扩大，有时采用目前的计算机技术使用枚举法很难甚至不可能求出其精确最优解。对于这类复杂的问题，学者们已经意识到应把主要精力放在寻求其满意解上，而遗传算法正是寻求这种满意解的最佳工具之一。实践证明，对于组合优化中的 NP 完全问题，遗传算法是非常有效的。例如，遗传算法已经在求解旅行商问题、装箱问题、背包问题、图形划分问题等方面得到成功的应用。

（3）自动控制问题。自动控制领域与遗传算法密切相关，在该领域中有很多与优化相关的问题需要求解，并且遗传算法已在其中得到了初步的应用，体现出了很好的效果。例如使用遗传算法设计空间交会控制器、用遗传算法进行航空控制系统的优化、基于遗传算法的参数辨识、基于遗传算法的模糊控制器的优化设计、利用遗传算法进行人工神经网络的结构优化设计和权值学习、基于遗传算法的模糊控制规则的学习等，都显现出了遗传算法在这些领域中应用的可能性。

（4）生产调度问题。在很多情况下所建立起来的数学模型难以对生产调度问题精确求解，即使对模型进行一些简化之后可以求解，也会因为对模型简化得太多而使求解结果与实际相差很大。而目前，在现实生产中也主要是依靠一些积累的经验来进行调度。但现在遗传算法已经成为能够解决复杂调度问题的有效工具，在流水线生产车间调度、单件生产车间调度、任务分配、生产规划等方面，遗传算法都得到了有效的应用。

（5）图像处理问题。计算机视觉中的一个重要研究领域就是图像处理。在图像处理的过程中，如扫描、图像分割、特征提取等不可避免地会存在一些误差，这些误差自然会影响图像处理的效果。要使计算机视觉达到实用化的一个重要要求就是使这些误差达到最小。遗传算法在这些图像处理中的优化计算方面得到了重视和发展，目前已在图像恢复、模式识别、图像边缘特征提取等方面得到了应用。

（6）机器人问题。机器人的研究在当今社会尤为重要，但机器人是一个复杂类型，很难准确地模拟仿真系统。遗传算法起源于人工自适应系统的研究，使机器人自然成为遗传算法的一个重要的应用领域。例如，遗传算法已经研究并在应用于关节机器人运动轨迹规划、移动机器人路径规划、蜂窝机器人结构优化和行为协调等。

（7）机器学习问题。高级自适应系统的一个功能是学习。基于遗传算法的机器学习，尤其是分类器系统，已经应用于许多领域中。例如，遗传算法用于学习模糊控制规则和隶属函数，从而更好地提高模糊系统的性能。基于遗传算法的机器学习可用于构建人工神经网络的网络结构。优化设计也可用于调整人工神经网络的连接权；分类器系统也已成功应用于学习多机器人路径规划系统。

（8）人工生命问题。人工生命是用计算机、机械等人工媒体模拟或构造出的具有自然生物系统特有行为的人造系统。自学习能力和自组织能力是人工生命的两大主要特征。人工生命与遗传算法有着紧密的关系，基于遗传算法的进化模型是研究人工生命现象的重要基础理论。目前，遗传算法已在其学习模型、进化模型、自组织模型、行为模型等方面显示出了初步的应用能力，并且必将得到更为深入的发展和应用。遗传算法与人工生命相辅相成，遗传算法为人工生命的研究提供了一个有效的工具，人工生命的研究也必将促进遗传算法的进一步发展。

（9）遗传编程问题。Koza 使遗传编程的概念得到了进一步的发展。他使用了 LISP 语言所表示的编码方法，基于对一种树型结构所进行的遗传操作来自动生成计算机程序。虽然遗传编程的理论尚未成熟，应用也有一定的限制，但是已成功地应用于机器学习、人工智能等领域。

6.2 遗传算法的基本实现技术

6.2.1 参数编码方式

在遗传算法的实际运行中，不能对所研究问题的决策变量进行直接的运算和操作，而是只能对表示可行解的个体对应的编码实施选择、变异和交叉等遗传算子，通过这种方式来实现对问题进行优化的目的是遗传算法的一大特点。遗传算法也正是通过对个体编码进行的操作，在一代接着一代中不断搜索出适应度较高的个体，同时在群体中不断增加数量，最终寻找到问题的最优解或者近似最优解。在遗传算法中怎样来描述所研究问题的可行解，即把该问题的可行解从其对应的解空间转换到算法所能处理的搜索空间的转换方法称作编码。

在应用遗传算法时，首先要解决的问题就是编码，这也是遗传算法设计中一个关键的步骤。编码方法不仅决定了个体染色体的排列形式，还同时决定了个体从搜索空间的基因型变换到解空间的表现型时的解码方法。编码方法也对交叉算子、变异算子等遗传算子的运算方法有重要影响。由此可知，编码方法在很大程度上决定了怎样进行遗传进化运算及其效率。同时，一种好的编码方法，很可能使变异算子、交叉算子等遗传操作更简单地实现和执行，而一个相对差的编码方法则可能使交叉算子和变异算子等遗传操作难以实施。

遗传算法的应用具有广泛性。截至目前人们已经提出了很多种不同形式的编码方法。大体来说，编码方法可分为三个大类：二进制编码、浮点数编码、符号编码。不同的编码方法也有自己的优缺点，下面对其进行简要介绍。

二进制编码是一种常用的编码方法。所使用的编码符号是二进制符号 0 和 1，它构成了个体染色体基因是二进制编码的符号串。符号串的长度关系到研究问题所需的解决方案的精度。二进制编码方法的优点：第一，编码和解码操作是简单可行的；第二，交叉算子和变异算子的遗传操作很容易实现；第三，它是用最小的字符编码原则设置的。

二进制编码也存在一些缺点。在对一些有着多维度和高精度要求的连续函数的优化问题中，则不宜使用二进制编码。因为在连续函数离散化时，二进制编码会存在映射误差，即存在一个两难的选择：当单个染色体编码串的长度较短时，可能达不到所要求的精度；而当单个染色体编码串的长度较长时，尽管编码精度提高，但遗传算法的搜索空间将急剧扩大。

为了改进这些缺点，一些学者提出了浮点数编码法。浮点数编码法是指用某一个范围内的一个浮点数来表示单个染色体的每一个基因值，单个染色体的编码长度等于所对应的决策变量的个数。由于浮点数编码法使用决策变量的真实值，因此浮点数编码法也被称为真值编码法。

符号编码法是指单个染色体编码串中的基因值取自一个没有数值含义，但是有代码含义的符号集合。符号集合可以是一个数字序号表，如 {1,2,3}；也可以是一个字母表，如 {A,B,C}；还可以是一个代码表，如 {B1, B2, B3} 等。

例如，对于旅行商问题（TSP），假如有 m 个城市，依次记为 A1、A2、A3、⋯、Am，将各城市的编号按照访问的顺序连在一起，就可以构成一个显示其旅行路线的个体。如

$$X:[A1,A2,A3,\cdots Am]$$

就显示出顺序访问城市 A1、A2、A3、⋯、Am。如果将各城市按照编号的下标进行编号，那么这个个体也可以表示为：

$$X:[1,2,3,\cdots,m]$$

符号编码法的主要优点有：一是满足有意义积木块的编码原则；二是在算法中利用所求解问题的专门知识更加方便；三是当遗传算法与相关近似的算法之间混合使用时更为便利。但同时也要注意，在遗传算法中使用符号编码法时，需要更加认真设计交叉算子、变异算子等运算操作，来满足所研究问题的各种约束要求，以达到提高算法搜索性能的目的。

6.2.2　适应度函数

1. 含义

个体的适应度（Fitness）指的是个体在种群生存的优势程度度量，用于区分个体的好与坏。适应度使用适应度函数（Fitness Function）来进行计算。适应度函数也称为评价函数，主要是通过个体特征来判断个体的适应度。

2. 评价一个个体的适应度的一般过程

（1）对个体编码串进行解码处理后，可得到个体的表现型。

（2）由个体的表现型可计算出对应个体的目标函数值。

（3）根据最优化问题的类型，由目标函数值按一定的转换规则求出个体的适应度。

3. 重要性

适应度函数的设计需要得当，不然很容易使遗传算法出现欺骗现象（早熟现象、陷入局部最优），具体表现在：进化初期，个别超常适应度的个体直接控制了选择的过程；进化后期，个体差异太小，多样性受到破坏，陷入局部峰值。

在对进化现象和生活在自然界中事物的遗传现象的研究中，适应度的术语是生物学家用来衡量一个物种适应自己的生活环境的程度。根据自然规律，那些更适应自己生存环境的物种将获得更多的机会，进行繁殖；相反，不能很好地适应自己生活环境的物种，繁殖机会就会变少，甚至会逐渐走到灭绝的边缘。同样，具有较高适应度的个体被传递到下一代的概率更大，而较低适应度的个体被传递到下一代的概率相对较小。在这个过程中，用于测量个体适应度值的函数被称为适应度函数（Fitness Function）。

遗传算法的特点之一就是它只需要使用所求问题的目标函数值就能够得到下一步的相关搜索信息，并且通过评价个体的适应度来体现对目标函数值的使用。

在遗传算法中，群体进化过程的实质就是以群体当中各个个体的适应度为依据，经过一个反复迭代的过程，然后不断地寻求出适应度较大的个体，最终得到所研究问题的最优解或近似最优解。

6.2.3　遗传算子

1. 选择（Select）算子

在自然和万物的遗传演变过程中，那些更适应它们生活环境的物种遗传给下一代的机会较大；相反，那些不太适应自己生存环境的物种则给下一代的机会则比较小。为了实现这一点，遗传算法使用一个选择算子（也称为复制操作），在整个群体中对每个个体执行适者生存：那些具有较高适应度的个体遗传给下一代的概率较大；相反，低适应度的个体不太可能遗传给下一代。综上所述，遗传算法的选择操作是用来确定如何选择从母体给下一代群体的个体的基因操作。选择操作就是用来确定如何从父代群体中按某种方法选取哪些个体作为父母，然后进行交配（重组 / 交叉）操作，生成新的个体的过程。

选择操作是建立在对单个的个体适应度进行评价的基础上。选择算子的主要目的是避免基因缺失、提高计算效率和全局收敛性。

基本遗传算法中的比例选择算子是最常用的选择算子。然而，针对各种具体问题，比例选择算子不是最合适的选择，因此有学者提出了一些其他选择。

在自然界中，一个种群中并不是所有个体都能"有幸地"成为父母，然后顺利地"传宗接代"的。足够强大的个体才会有更高的概率生成下一代。因此，选择其实也是存在概率的，选择概率由该个体的适应度来决定。

（1）几个概念。

1）选择压力（Selection Pressure）：最佳个体选中的概率与平均个体选中概率的比值。

2）偏差（Bias）：个体规范化适应度与其期望再生概率的绝对差值。

3）个体扩展（Spread）：单个个体子代个数的范围。

4）多样化损失（Loss of Diversity）：选择阶段未选择的个体数目比例。

5）选择强度（Selection Intensity）：将正规高斯分布应用于选择方法，期望平均适应度。

6）选择方差（Selection Fariance）：将正规高斯分布应用于选择方法，期望种群适应度的方差。

（2）常用的选择方法。

1）轮盘赌选择法（Roulette Wheel Selection）。轮盘赌选择法是适应度值越好的个体被选择的概率越大。在求解最大化问题时，可以直接用适应度 / 总适应度来计算个体的选择概率，然后直接通过概率对个体进行选择。如果是求解最小化问题，那么就要对适应度函数进行转换，转化为最大化问题。

如图 6.1 所示，可以在选择时生成一个 [0,1] 区间内的随机数，若该随机数小于或等于个体的累积概率（累计概率就是个体列表中该个体前面的所有个体概率之和）且大于个体 1 的累积概率，选择个体进入子代种群。

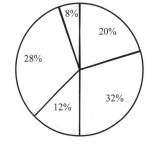

图 6.1　轮盘赌选择法

2）随机遍历抽样法（Stochastic Universal Sampling）。像轮盘赌选择法一样计算选择概率，只是随机遍历抽样法是等距离地选择个体（图 6.2）。设 npoint 为需要选择的个体数目，等距离地选择个体，选择指针的距离是 1/npoint，第一个指针的位置由 [0,1/npoint] 的均匀随机数决定。

3）锦标赛选择法（Tournament Selection）。锦标赛选择法是每次从种群中取出一定数量个体（成为竞赛规模），然后选择其中最好的一个进入子代种群。重复该操作，直到新的种群规模达到原来的种群规模。

图 6.2　随机遍历抽样法

一般来说，锦标赛选择法比轮盘赌选择法有更好的通用性，而且性能更优。

当然还有一些其他的选择法，比如随机竞争选择法（Stochastic Tournament）、无回放随机选择 / 期望值选择法（Excepted Value Selection）、确定式选择法、局部选择法（Local Selection）、截断选择法（Truncation Selection）等。

基本遗传算法达到收敛的代数（Number of Generations）与选择强度（Selection Intensity）成反比，选择强度越高，则收敛越慢。一般来说，较高的选择强度是很好的选择方法，但是太高又会导致收敛过快（早熟，陷入局部最优）。

2. 交叉算子

在自然界生物的进化过程中，两个同源的染色体通过交配而重新组合，得到新的染色体，从而产生新的个体或物种。而且在生物进化和遗传的过程中，交配重组是一个主要环节。对这个环节进行模拟，因此在遗传算法中也可以使用交叉算子来产生新的个体。

遗传算法中所指的交叉算子，实质是指两个相互配对的染色体按照某种方式相互交换各自的部分基因，然后形成两个新的个体。因此交叉运算也是遗传算法区别于其他进化算法的一个重要特征。它也在遗传算法中起着关键作用，也是产生新个体的主要方法。

根据遗传算法的运算规律，在交叉运算之前必须对群体中的个体进行配对。随机配对是目前较为常用的配对策略，其实质就是把群体中的 N 个个体以随机的方式组成 N/2 对配对个体组，交叉算子也将在这些配对的个体组中的两个个体之间进行。交叉只不过是双亲的重组过程。它是遗传算法中最重要的操作。通过此操作，双亲染色体的特征可以在种群中的个体之间进行交换。

3. 变异算子

在自然万物的遗传演变过程中，某些细胞可能由于某些偶然的因素产生一些复制错误，这可能导致机体某些基因突变，从而产生出新的染色体。同时，这些新的染色体将显示新的生物学特性。虽然这种突变的可能性比较小，但它也是新物种出现的一个原因。对于这种变化，可用突变算子产生新个体来进行模仿。

遗传算法的变异操作本质上是指在个体染色体编码串与基因座的其他等位基因在某些位点替换基因的值，以形成一个新的个体。如果它们的编码字符集是 {A，B，C}，突变操作是在突变位点使用与上述字符集中不同的字符替换原始符号。对于二进制编码个体，编码字符集是 {0，1}，变异操作是在突变位点反转个体的基因值，即用 0 代替 1，或用 1 替换 0。

在遗传操作的过程中产生新个体的方法方面，交叉操作是生成新个体的主要方法。它决定了遗传算法的全局搜索能力。变异操作只产生新个体的辅助方法，但也是必须的。它在计算中是不可缺少的步骤，因为它决定了遗传算法的局部搜索能力。交叉算子和变异算子配合，完成全局搜索和本地搜索的搜索空间，从而使遗传算法可以用一个好的搜索完成优化问题的优化过程。

在遗传算法中使用变异算子主要有以下两个目的：

（1）维持群体的多样性，防止早衰。变异算子用一个新的基因值取代了原来的基因值，从而改变了个体编码字符串的结构和维护值的多样性，有助于防止过早熟现象。

（2）改善遗传算法的局部搜索能力。遗传算法使用交叉算子可从全局的角度找到一些较好的个体编码结构，它们已接近或有助于接近问题的最优解。但仅使用交叉算子无法对搜索空间的细节进行局部搜索。这时再使用变异算子来调整个体编码串中的部分基因值，就可以从局部的角度出发使个体更加逼近最优解，从而提高遗传算法的局部搜索能力。

变异算子的设计包括两方面的内容：一是如何确定变异点的位置；二是如何进行基因值替换。

最简单的变异操作是基本位变异算子。然而，为了满足解决各种应用问题的需要，学者们还开发了其他变异操作，主要包括几种常见的突变的方法，如基本位置变化、均匀的变化、边界的变化、不均匀的变化、高斯变化等。它们适用于二进制编码的个人和浮点数编码的个体。

4. PSO（粒子群优化算法）与 GA（遗传算法）对比

（1）相同点。

1）种群随机初始化。

2）适应度函数值与目标最优解之间都有一个映射关系。

（2）不同点。

1）PSO 没有选择、交叉、变异等操作算子，取而代之的是以个体极值、群体极值来实现逐步优化的功能。

2）PSO 有记忆的功能：在优化过程中可参考上一步的极值情况。若新粒子的适应度函数不如之前的好，则这个优化方法会帮助优化进程回到之前的位置。

3）信息共享机制不同，遗传算法可互相共享信息，整个种群的移动是比较均匀地向最优区域移动；而在 PSO 中，只有 gbest 或 pbest 给出信息给其他粒子，属于单向的信息流动，整个搜索更新过程是跟随当前最优解的过程。因此，在一般情况下，PSO 的收敛速度更快。GA 在变异过程中可能从比较好的情况又变成不好的情况，不是持续收敛的过程，所以耗时会更长。

6.3　餐厨垃圾收运路线优化

餐厨垃圾收运路线优化

1. 问题背景

从实际生活中餐厨垃圾的收运路线问题出发，考虑到人工安排收运路线中产生的诸多问题，包括会给工作人员增加工作量、人工操作难免出现误差、工作效率低等问题，餐厨垃圾的收运路线优化工作迫切需要一种准确、省事省时、高效快捷的方式来进行。遗传算法强大的运算能力能够很好地解决这个问题。充分发挥遗传算法的优势，不仅能够解决目前遇到的一些实际问题，还能进一步提高工作效率，达到理论与实际相结合的目的。

垃圾收运可以归结为旅行商问题（Traveling Salesman Problem，TSP）。

旅行商问题也可以称为 TSP，是一个著名的优化问题。它在数学和计算机科学领域被广泛研究。旅行商会经过各个城市，要选择所要走的路线，路径的限制是很多城市只能去一次，而且最后要回到原来出发的城市。选择的目标是多个城市组合成一条路线，且距离最短。

简而言之，这是一个使用遗传算法的旅行推销员问题模型。

解决 TSP 的一种方法是列出所有可能的解并逐个计算。这适用于数量较少的城市，但随着城市数量的增加，这将变得更加耗时。旅行商问题的可能解的个数等于（n–1）!，其中 n 等于城市的数量。若只有 11 个城市，则就有 3628800 个解决方案（10!）。由于这个原因，解决问题的重点已经从寻找最佳的解决方案转移到在合理的时间内寻找好的解决方案。遗传算法是快速找到好的解决方案的最佳算法之一。

TSP 已经引起了许多人的关注，并将继续作为一个活跃的研究领域。主要原因是大量的现实问题可以通过 TSP 建模，例如，印刷电路板的自动钻孔就是其中之一。通过找到解决 TSP 的有效方法，其他类似的问题也可以得到解决。

从本质上讲，遗传算法是基于进化生物学中适者生存、交叉和突变过程的解决方案搜索技术。它们已被用于解决许多不同的复杂问题，包括 TSP。以编码解表示的染色体群体，通过在每一代算法中应用三个主要遗传操作符来改变：选择、交叉和变异。染色体的适应度（单个解决方案满足集合标准的程度）通过适应度函数来测量。该算法继续循环这个过程，直到找到一个适当的解决方案。每一次染色体通过这个算法循环一次，就会产生新的一代。与生物体适应和改进的方式类似，通过算法产生的解应该在每一代中不断改进。通过这个过程，遗传算法能够在合理的时间内产生复杂问题的精确解决方案。

以当前北京建筑大学大兴校区及周边实际情况为例，大兴环卫将对不同的收运点派出车辆对餐厨垃圾进行收运，并且收运车辆及路线都是固定的，每天一次或多次进行收运。这样固然有好处，因为有固定的模式去完成餐厨垃圾的收运任务，能够保证这项工作有条不紊地进行，但是也存在着一些不足。如果一辆收运车只去 A 点收运餐厨垃圾然后返回，但由于那儿的餐厨垃圾并不是很多，就会造成对车辆运力的浪费，没有充分利用资源使其发挥最大效益。同时给不同的收运点安排专车收运，就需要配备大量的车辆，无疑会增加收运工作的经济成本。

本设计以北京建筑大学大兴校区及周边共计 16 个收运点为研究对象，以马赛公馆为起点，即垃圾中转站，然后经过其余 15 个垃圾收运点进行垃圾的收运，最后将垃圾运回垃圾中转站。

无论如何分析界定垃圾收运问题，最终必须落到车辆路径优化。垃圾收运问题具备物流的本质特征。可以将垃圾收运问题抽象为如下问题：针对同一类型的发货点（垃圾收集点）/送货点（垃圾中转站），合理规划车辆线路，在满足一定的约束条件（如供给量、配送、车辆空间、行程线路、时间限制等）的前提下，到达最终目的地，使路程短且成本低。下面给出具体的模型描述。

（1）染色体编码。采用整数编码，令 0 表示垃圾中转站（卸下所收运的垃圾），1,2,…,15 表示收运点。编码时，将"0"插入染色体的头部和尾部，如"01230"表示车辆从垃圾中转站出发，依次经过收运点 1、收运点 2、收运点 3 并返回垃圾中转站（表 6-1）。

表 6-1　编码表

编码	0	1	2	3	4	5	6	7
地名	马赛公馆	北京建筑大学	黄村成人学校	兴盛街189号	伟业物流公司	大兴第七中学	利玖洲公司	清源公园
编码	8	9	10	11	12	13	14	15
地名	富正骨科医院	绿邦科技园区	红珍商贸中心	芦城运动技校	西芦城村委会	住总兴康家园	建大附属中学	兴旺公园

（2）初始群体。启动算法所需的初始染色体群体是随机生成的；每条染色体都代表一个旅行方案。对行程进行编码，需要选择合适的编码方法。路径表示用于对路径进行编码。路径中的字符数等于行程中的节点数，特定字符不能重复；因为车辆不能访问一个城市超过一次。旅行的长度或车辆行驶的距离，相当于旅行的适应度，并取决于节点的顺序。

采用近邻法创建初始群体。首先选择一个收运点作为初始节点，找到离它最近的收运点作为后继节点，然后以此后继节点作为初始节点，依照前面的方法找到最后一个收运点，这样就创建了初始群体，使得群体在算法开始前就得到优化，在算法开始后能迅速接近最优解，从而提高了算法的寻优能力和收敛速度。

（3）适应度函数。适应度函数决定了染色体的质量。在 TSP 中，一个特定旅行的适合度等于旅行的距离。最短的旅程有最好的适应度，使 TSP 成为一个最小化的问题。该模型可以扩展到包括旅行成本等因素。每个因素都被加权，对解决方案的总适合度有一定的贡献：类似于加权等级。要做到这一点，这个问题需要转化为最大化问题。

遗传算法通常用于求解最大化问题。该算法作为一个最小化问题仍然可以正常工作，但为了科学准确性，它需要转换成一个最大化问题。如上所述，如果需要添加其他因素，那么将所经过的距离转换为最大化问题要比将所有其他因素转换为最小化问题更容易。下面的方程将转换问题：

$$1/ \text{Total Distance Traveled} \tag{6-1}$$

旅行的总距离可以使用旅程中每个点的距离公式计算出来。尽管这是表达问题的正确方式，但如果把算法作为最小化问题来处理，就更容易看到它是如何工作的。

在本设计中，特定收运路线的适合度等于收运车辆所行驶的距离。最短的收运路径有最好的适应度，使收运的路程最小化。收运路线的总距离可以用路线中每个点的距离公式来计算：

$$\text{Min } S = \sum_{i=1}^{m} d_{i-1,i} + d_{m,0} \tag{6-2}$$

遗传算法转换为一个最大化问题的适应度函数如下：

$$f = 1/(\sum_{i=1}^{m} d_{i-1,i} + d_{m,0}) \tag{6-3}$$

式中：i 为收运点；m 为满足条件时最大收运点；$d_{m,0}$ 为满足条件时的收运点到垃圾中转站距离。

（4）选择算子。选择的过程决定了哪些染色体将被用于繁殖，以及哪些不会被用于繁殖。通常，选择更好的解决方案，并排除差的解决方案，同时保持总体大小不变。好的解决方案有多个副本，每一个都有不同的特征；最坏的解决方案都会被丢弃。由于解决方案的多样性，保留了一些不好的解决方案；但在总体中加入一个不好的解有助于防止在一个特解上收敛。

选择可采用轮盘赌选择法和锦标赛选择法。这两种方法都依赖于群体中特定染色体的适应度水平。

在以轮盘赌选择法进行选择时，每个染色体都被分配到一个假想轮盘上的一个槽。该插槽与染色体的适应度成比例；染色体的适合度越高，轮盘上的槽就越大，因此被选中的概率也就越大。然后轮盘被旋转若干次，轮盘着陆的每个解决方案被放在一个组中。从组中随机选择一个父染色体进入算法的交叉阶段。这个过程再次重复以产生另一个亲本染色体。

在锦标赛选择法中，通常有两到三条染色体是从总体中随机选择的，然后这些染色体中最好的一条成为父染色体。这个过程再次重复以产生另一个亲本染色体。然后父染色体进入算法的交叉阶段。

从本质上说，这两个过程模拟了优胜劣汰的达尔文理论。在自然界中，选择是由生物体的生存能力决定的。不适合生存的生物会因气候变化、捕食者和其他障碍灭绝，而适合生存的生物则会继续繁殖、进化和变得更适合生存。这是驱动遗传算法的主要原理。

本模型使用锦标赛选择法来选择染色体。在比赛选择中，选择是基于少数染色体之间的比赛。计算每个染色体的适应度值，按适应度值从高到低的顺序选择染色体参与进化。

（5）交叉算子。交叉是两个染色体结合产生具有两个染色体特征的新后代的过程。两条染色体从一组染色体中随机挑选出来，并结合产生新的染色体。这个过程通过维持共同的连接和重组不常见的基因来搜索解空间。边缘重组交叉（ERX）强调邻接信息而不是顺序和序列。换句话说，ERX 专注于在双亲染色体中基于进出节点的链接创建新的染色体。通过保留亲本染色体之间的相似遗传物质，可以产生更好的染色体。此外，与其他传统方法相比，ERX 更有可能保留父母之间的共同联系。

（6）变异算子。变异算子的基本功能是将多样性引入染色体群探索整个解空间，有意识地在随机位置改变染色体以增加多样性。随机选择路线以某概率进行变异，然后在路线中，选择随机点进行变异。这可以通过多种方式完成，但是对于该算法，挑选路线中的两个点，然后随机改变为其他数字，并检查巡视以确保它仍然有效。交换突变是另一种突变方法。正如名称所示，其选择染色体中的许多点然后换出。使用此方法时无须检查巡视验证。突变过程将随机干扰引入搜索过程，这是通过交叉无法实现的。这允许了更广泛的搜索和多种解决方案的实现。

2. 模型设计

（1）智能体设计。设计智能体群体个体 turtles，相应的属性如下：

```
turtles-own [
    string
    pdistance
    fitness
    last-patch-x
    last-patch-y
    edge-table
    ]
```

（2）实验环境设计。

Import map——导入环境地图。

calculate-distance——初始化距离。

calculate-fitness——初始化适应性。

（3）算法设计。

create-new-generation——3.1 创建下一代过程。

calculate-distance——3.1.1 计算节点距离。

calculate-fitness——3.1.2 计算适应性。

（4）实验参数设计（表 6-2）。

表 6-2　模型主要参数表

参数名称	参数说明	取值范围
number-of-cycles	迭代次数	1～1000
population-size	种群大小	20～500
tournament-size	锦标赛大小	2～10
crossover-rate	交叉率	0～1
mutation-rate	突变率	0～1

本设计主要参数如下：

number-of-cycles——迭代次数，设置算法在停止之前将运行的迭代次数。

population-size——种群大小，控制解决方案的初始种群数量。

tournament-size——锦标赛大小，决定了比赛规模将在选择中有多大。

crossover-rate——交叉率，控制从交叉而不是克隆创建的解决方案的百分比。

mutation-rate——突变率，控制每条染色体的突变频率。显示的数字是一个百分比。

3. 主要算法代码

主要运行过程如下：

```
to go
  if ticks = 0 [ set global-min-fitness 600]
  if ticks >= number-of-cycles [
    draw-shortest-path      ;; 控制算法何时结束。当它结束时，它首先在节点之间画出最短的路径
    set min-fitness global-min-fitness
    STOP
  ]
  create-new-generation    ;;3.1 创建下一代过程
  if ticks > 0 [
    if [fitness] of winner < global-min-fitness [
      set global-min-fitness [fitness] of winner
      set global-min-string [string] of winner
    ]
  ]
  tick
  do-plotting
end
```

4. 模型运行结果

目前，遗传算法在研究 TSP 中已经得到广泛的应用，并且取得了很大的成果。本设计将遗传算法的运算应用于餐厨垃圾收运路线的优化研究中，经过多次调试，程序能够正常运行，并且达到了预期的研究目的。

实验参数取值如下：

迭代次数：number-of-cycles= 10000。

种群大小为：number-of-cycle= 70。

锦标赛大小：tournament-size= 2。

交叉率：crossover-rate = 90%。

突变率：mutation-rate = 15%。

用于监测所进行实验的变量如下：

mean [fitness] of turtles：平均适应性。

min [fitness] of turtles：最好适应性。

max [fitness] of turtles：最差适应性。

开启双亲间的共链，开启两点交换变异，循环次数为 100 时，算法运行结果如图 6.3 所示,最短距离为663.5,对应的最优运输路线为 0 → 15 → 7 → 5 → 1 → 11 → 9 → 12 → 8 → 10 → 14 → 6 → 4 → 2 → 13 → 3 → 0。循环次数为 800 时,算法运行结果如图 6.4 所示,最短距离为 512.4,对应的最优运输路线为 0 → 15 → 7 → 9 → 11 → 1 → 4 → 6 → 2 → 12 → 5 → 14 → 10 → 8 → 13 → 3 → 0。遗传算法适应性收敛过程如图 6.5 所示。

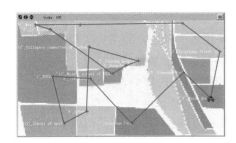

图 6.3　ticks=100 时，运行结果

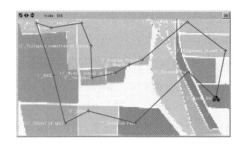

图 6.4　ticks=800 时，运行结果

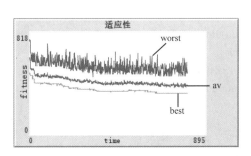

图 6.5　遗传算法适应性收敛过程

（1）最佳全局适应度和最佳全局解监视器显示算法找到的最佳解。如果算法跳回较差的适应度，这些监视器将保持总体上最佳的适应度。

（2）适应度图显示了算法每个周期的最差、平均和最佳适应度的曲线图。

（3）地图显示的是当前加载到算法中的地图，当算法完成时，将会绘制出各收运点之间的最佳路线。

1）注意适应度图是如何随着时间的推移显示出较低的适应度的，这意味着算法正在"学习"并产生更好的解决方案。

2）算法不会每次都找到最好的解，但它通常会找到一个好解。

3）当模型完成运行时，会绘制它在地图上找到的最短路径。

4）小的人口规模通常比大的产生更好的结果。

5）最好的适应度值在 280 ～ 290 之间。

第7章 认知智能体

本章导读

人类有语言，才有概念，才有推理，所以概念、意识、观念等都是人类认知智能的表现。认知智能即"能理解、会思考"。人工智能的发展可以归结为三个阶段——感知智能、认知智能和行动智能。认知智能需要在数据结构化处理的基础上，理解数据之间的关系和逻辑，并在理解的基础上进行分析和决策，即认知智能包括理解、分析和决策三个环节。

本章首先介绍了认知智能体和认知智能的基本实现技术，然后介绍了基于效用的认知智能和基于目标的认知智能等案例模型。

本章关键词

认知智能体；知识图谱；基于效用的认知智能；基于目标的认知智能

7.1 认知科学

7.1.1 认知智能

智能体能够持续执行 4 项功能：感知环境中的动态条件、执行动作影响环境、进行推理以解释感知信息、求解问题和决定动作。智能体包括感知智能、认知智能和行动智能。认知智能包括理解、分析、决策三个环节（图 7.1）。认知智能能够感知到环境中的动态条件，然后根据这些条件执行相应的动作来影响现有的环境，同时，还能够用推理来解释感知信息，求解相关问题，决定后续动作。

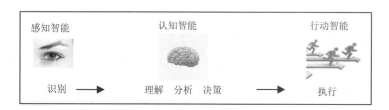

图 7.1 智能体的三个组成部分

感知智能主要是数据识别，需要完成对大规模数据的采集以及对图像、视频、声音等类型的数据进行特征抽取，完成结构化处理。

认知智能需要在数据结构化处理的基础上，理解数据之间的关系和逻辑，并在理解的基础上进行分析和决策。

行动智能是在认知智能基础之上的执行，其主要表现是人机协同。人机协同是在复杂的环境下，以知识图谱为支撑，进行数据推理，合理调度资源，使人类智能、人工智能和组织智能有效结合，打通感知、认知和行动的智能系统。

认知智能体（Cognitive Agent）是一种结合了机器学习和自然语言生成技术，并在此基础上加入情感检测功能以做出判断和分析，使其能够执行任务，交流沟通，从数据集中学习，甚至根据情感检测结果做出决策。换句话说，机器会像人一样产生"情感共鸣、精神共振"，真正成为一个完全虚拟的智能体。

7.1.2 认知科学的兴起及发展

认知科学是对认知进行研究的科学，包括对知觉、语言、推理、思考乃至意识等各种认知活动研究的科学。所以，认知科学涉及心理学、计算机科学、生理学、哲学等多种学科。它是建立在多学科联合发展上的一门学科，是一个高度跨学科的新兴学科。认知科学既是一门等待我们去探索的新兴综合型学科，也是一种科学方法，是我们对真理进行探究的方法体系。

认知科学虽然起源很早，但真正作为科学学科和新兴研究领域不到一百年，虽然如此，认知科学经历走过了前人工智能时期、经典符号处理模型时期、联结主义模型的兴盛时期三个阶段。

1. 前人工智能时期

前人工智能时期的主要研究内容是控制论、机器翻译、自组织系统的研究，控制论和现代符号逻辑为其做了技术基奠。它的学派代表人物有冯·诺伊曼、乔姆斯基等。

2. 经典符号处理模型时期

认知科学研究的第二阶段是经典符号处理模型阶段，也被称为经典认识学和符号处理模型时期。认知科学的真正定义也在此时被提出。1978 年，认知科学现状委员会将认知科学定义为智能实体同它所处环境作用的原理研究。认知科学的界定集中在"符号处理"范式。这份研究是外延式的定义研究；另一方向是对智能实体本身内部功能和结构的研究，是人工智能内涵式的研究。

符号处理学的提出使人类对"智力"的探索倾向于基于当今各科学的认知科学领域进行研究，这是对智力本质的研究，在理论和实际应用上都有着非常重要的促进作用。计算机理论的发展带来了人工神经网络的革命，并成为认知心理学、认知神经学和人工智能的重要指导思想。

3. 联结主义模型时期

20 世纪 80 年代，心理学和计算机科学的结合带来了认知科学的新发展。心理学上将大量神经元相互作用产生信号、神经元网络形成信息网络的模式类比到人工智能中，认知或智能就是大量单元的相互作用，联结的权重变化即为思维、运动过程。联结主义相对于符号主义对认知科学内涵定义有一定的影响。

从认知科学的定义以及认知科学研究的范畴来看，认知科学是对智能实体同周围环境相互作用活动的研究。它的最终目标是对人脑工作机制进行研究。不过，认知科学是一门新兴学科。基于认知科学的本质来看，它的研究内容和研究手段都不成熟，认知系统也不完整，要对它进行全面分析就必须联合各学科一起进行，跨学科的分析已有一定的成果，但仍然有许多问题及挑战等待我们去解决。不过，未来认知科学的方向仍是多学科联合分析研究。

7.1.3 基于认知科学的人工智能

人工智能是基于认知科学产生的，计算机是人类为了更好地认识世界创造的工具，计算机和认知科学的结合使计算机模仿人类思维活动成为可能，人工智能就是在计算机上实现人类智能活动的学科。人工智能的出现不仅解放了人的大脑，扩大了认知范围，提高了生产力，更是作为方法和工具促进其他学科联合快速发展。

人工智能为人类认知活动提供了新思维模式。人工智能作为计算机学科的一个分支，已经应用到人们生活、工作的各个方面。人工智能的主要研究领域有专家系统、机器学习、自然语言处理、机器人、数据挖掘、知识图谱等。

1. 专家系统

专家系统是人工智能的一大重要分支。它是一个模拟具有专家决策能力的计算机系统，利用专业知识来解决只有专家水平的人才能解决的问题。但它其实是一种具有大量专业知识和大量经验事实的计算机程序系统，实现了人工智能的实际应用。

专家系统的设计不同于传统的计算机程序设计，不是通过程序推理处理问题，而是通过推理活动来获得对问题的一个解决方案。专家系统模拟人类处理事情的方法，基于一定规则知识，根据给出的前提条件进行推理得出结论。专家系统涉及许多不同的学科，但认知科学是它的理论基础。这是由于认知科学研究人类是如何处理信息的，即研究人是如何通过思考处理问题的学科。专家系统知识库中的知识大部分是各领域专家在实践生活中积累而成的，具有很强的启发性，但是这种启发性的知识不是必然为真的知识，很多是基于经验的猜测与假说。它们需要在运用过程中不断被验证与修正，因此，专家系统的知识是开放性的。专家系统一方面能够使人们快速地处理问题，另一方面随着运用结果信息的反馈对已有知识进行验证修改，形成新的知识，也体现人类的知识是不断创新和修正的。

例如，气象预报专家系统的知识库是人类已有的经验、规则。决策过程就是通过现有的气候情况和地域情况预报天气情况。在这一过程中，气象知识、地域知识都是一个不断发展完善的知识体系，做出预测的程序是人编写的，同样具有不足和复杂性。这种情况做出的推理活动，是在缺乏信息的前提下，根据已有知识和经验做出最有效的判断的默认推理。它是复杂认知下的归纳推理。现有证据表明，天气预报的准确度还是能够满足人们日常生活所需的。专家系统的设计能够满足人们对于不足和复杂前提、环境的认知的需要。

2. 机器学习

机器学习是人工智能的另外一个重要的研究领域。它是以实现计算机自动获取信息或知识为目的的。学习是人类获取新知识的基本技能，而机器学习是研究机器如何模拟人类学习的活动，识别已有知识、获取新知识，并不断完善知识库的应用。机器学习的系统模型能够从认知活动过程或者认知环境中获取一定的信息，并对这部分信息进行分析加工，并运用到自身性能的提升上，使自己能够完成一些以往不能完成的事情或者优化自身，这与人类的认知过程是非常相似的。类比人类思维活动模式可以看到，知识库知识的增长不是凭空获得的，需要运用初始知识、认知环境中获得的信息做出假设，而高质量的认知材料是获得新知识的准确性前提。但这里获取的知识是不完全的，是需要经过实践或规则的不断检验的。另一方面，随着信息技术的飞速发展，信息网络为机器学习提供了海量的认知材料，机器信息技术在数据挖掘方面快速发展，认知科学也随之发展。

机器学习高度模拟了人类的思维活动模式，人们可以通过研究机器学习来获取不足和在复杂环境下归纳的新知识，并对人脑的内部结构和认知机制进行研究。

3. 知识图谱

在大数据时代，数据总体呈现出大规模、碎片化的特点。为了更加快速、准确、智能地获取所需的信息，互联网上多源异构的数据需要重新进行组织，并以更加智能的形式进行管理，形成知识互联。知识互联的本质是针对原本碎片化的多源异构数据进行深层次的挖掘，通过融合与关联形成知识，以既符合网络信息资源发展变化又能满足人类认知需求的视角，来理解数据的整体性和关联性。为此，知识图谱（Knowledge Graph，KG）应运而生。知识图谱的早期发展是专家系统。知识图谱的概念是由 Google 公司在 2012 年提出的，指代其用于提升搜索引擎性能的知识库。知识图谱的出现是人工智能对知识需求的必然结果，但其发展又得益于很多其他的研究领域，涉及专家系统、语言学、语义网、数据库，以及信息抽取等众多领域，是交叉融合的产物而非一脉相承。

人类社会已经进入智能时代，智能时代的社会发展催生了大量的智能化应用，智能化应用对机器的认知智能化水平提出了前所未有的要求，而机器认知智能的实现依赖于知识图谱技术。知识图谱是在结构化后存储语义知识库，使用同一规则将世界现有的知识进行表示及存储。此外，知识图谱还具有推理功能，有助于发现新的知识。知识图谱的结构更近似于人类大脑的知识结构。作为一种大规模的语义网络，知识图谱继承了传统语义网络的特性：以现实世界中的事物及其属性为节点，以其间的语义关系为边，构建有向图以形成直观的知识表达。相比于传统的结构和非结构化的知识表达方式，如框架、脚本、一阶谓词、产生式等形式，知识图谱以"实体－关系－实体"三元组表示事物的属性及其关系，在形式上更加直观和简洁，在组织方式上更加灵活，对知识语义特性的表达更强。

知识图谱自 2012 年提出至今，发展迅速，如今已经成为人工智能领域的热门问题之一，并在一系列实际应用中取得了较好的落地效果，产生了巨大的社会与经济效益。知识图谱为融合提供元数据，使得自主、普适融合成为可能。此外，知识图谱能够深化行业数据的理解与洞察。基于行业知识图谱，可以形成行业数据理解能力，实现数据中的实体、概念、主题认知，实现可视化洞察。以知识图谱为代表的符号主义有日渐复兴的迹象，成为以深度学习为代表的联结主义在近几年大发展后人工智能另一个值得期待的方向。

总之，知识的沉淀与传承将成为机器智能持续提升的必经道路。知识的沉淀变成知识的表示，知识的传承又变成知识的应用。

7.2　认知智能的实现技术

7.2.1　知识图谱

知识图谱是一种以图结构来对客观世界的知识进行建模的技术。其主要功能是描述了客观世界所存在的概念、属性、实体及其语义关联等，并以图结构来直观地进行呈现。知识图谱的出现旨在改变对知识组织结构的表达，通过更加智能的访问操作，使用户能够准确、高效地获取其所需的各类信息，并在一定程度上实现智能辅助决策。

知识图谱实体指的是具有可区别性且独立存在的某种事物。如某一个人、某一座城市、某一种植物、某一种商品等。世界万物由具体事物组成，此指实体。如"中国""美国""日本"等。实体是知识图谱中的最基本元素，不同的实体间存在不同的关系。

所谓让机器具备认知智能，其核心就是让机器具备理解和解释能力。这种能力的实现与知识库、符号化的知识是密不可分的。一直以来，社会科学家还不能精准回答什么是理解、什么是解释。但是，人工智能的研究迫切需要定义这些问题。所谓的理解离不开知识库，机器理解数据在某种程度上就是建立起从数据到知识库中实体、概念、关系的映射。解释数据，是指利用知识库中实体、概念、关系解释现象的过程。

知识图谱其实就是存储被结构化表达的语义知识的一种知识库。这些知识通常以三元组的形式进行表述。随着知识库的不断扩大，实体与实体之间的关系就会逐渐增多，领域知识库也会逐渐完整。知识图谱作为知识工程在大数据时代成功应用的典型代表，其本质上是一种大规模语义网络，当前已成为人工智能研究领域的一个重要分支。知识图谱具有两个显著的特性：

（1）实现多源异构数据的关联融合。

（2）实现知识的精准化语义检索与智能化推理分析。知识图谱所具备的这些特性能够完美契合大数据挖掘与分析的技术需求，为此知识图谱已发展成为一种大数据处理与数据挖掘的技术体系。换言之，有大数据的地方就可以有知识图谱。

自 2012 年 Google 提出知识图谱概念至今，学术界和产业界针对知识图谱的构建与应用已取得了大量研究成果。然而，由于通用领域知识图谱构建面临着知识不完全的严峻挑战，其当前所能提供的智能服务远远无法满足人们的需求。为此，学术界和产业界将目光更多地投向了垂直领域知识图谱的研究。当前，社交、电商、金融、医疗已成为知识图谱面向垂直领域落地应用的典型场景。

知识图谱将知识与事实按照（实体，关系，实体）的三元组格式存储。这也是知识图谱最基本的表现形式。另一种表现形式是将实体作为节点、关系作为边构成图的数据结构。现在的知识图谱在其存在意义方面有了很大的不同，泛指各种大规模的知识库。并且知识图谱包含的元素也在实体和关系的基础上扩展出了语义类、属性等。相应地，知识图谱的三元组也扩展成了两类，分别是（实体，关系，实体）和（实体，属性，值）。

知识图谱按其作用的领域可以分为通用知识图谱和垂直领域知识图谱两大类。通用知识图谱注重知识的广度，知识的涵盖面尽可能很广，实体和关系的种类通常很多，其知识的来源通常是一些百科知识。通用知识图谱对精度的要求较低，没有太强的专业性。而垂直领域知识图谱与之相反，它的专业性很强，注重知识的深度，对准确度的要求非常高。垂直领域知识图谱的数据来源通常是专家的知识，数据的获取难度通常较大，可能涉及非公共的数据。

例如，将多源的交通数据融合构建交通知识图谱，不但可以简化对交通数据的查询和统计，而且其蕴含的大量知识可以为交通预测任务提供更加多元化的信息。因此，将知识图谱与深度学习结合可有效提高交通预测的效果。比如，借助知识图谱技术，针对各种应急处置场景，基于实时车辆状态，系统将司机操作数据实时还原给地面运营工作者，从而规避了司机与运营者直接沟通话语不一致的问题，运营者根据数据反馈可为司机提供最适当的应急处置建议。

7.2.2　知识图谱架构及基本要素

知识图谱由概念、实体、关系和属性构成，在逻辑结构上可划分为两个层次：数据层和模式层，如图 7.2 所示。模式层用于定义知识的结构模式，数据层用于组织具体的知识内容。前者是知识图谱的核心。

从数据层的角度进行观察，我们会发现图数据库中存储的单位是事实，这些事实都是在经过结构化处理之后，最终以"实体－关系－实体"或者"实体－属性－属性值"的三元组形式存放到图数据库中的，当某个领域的所有知识被全部存放到图数据库中后，就会形成一张巨大的由三元组构成的知识网络。

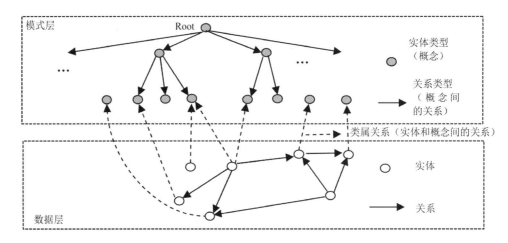

图 7.2   知识图谱的逻辑结构

知识图谱的基本构成要素如下：

（1）实体（Entity）：是客观世界中的事物。实体位于数据层，是组成知识内容的基本要素。实体可以是有形的建筑部件、建筑材料、机具设施以及施工现场和周边存在的其他物体，也可以是无形的技术方法、施工方案等。每个实体代表客观世界中的一个具体事物，如"北京地铁 2 号线""北京市"等。

（2）概念（Concept）：是对具有相同属性的事物的概括和抽象。概念位于模式层，用于定义实体对象的语义特征。概念是对一类事物的抽象，不指代具体事物。每个实体是其所属概念的一个实例，而概念是一类具有相同属性的实体的抽象，因此，概念有时也被称为"实体类型"。如概念"地铁线路"是对所有地铁线路的抽象，而"北京地铁 2 号线"是"地铁线路"的一个实例。

（3）关系（Relation）：是两个实体之间具有的某种联系，即事物之间通过关系建立联系。位于模式层的两个概念（实体类型）之间的关系，是对两个类型的实体可能存在的关系进行定义。为了与数据层的关系进行区分，将模式层的关系称为"关系类型"，不指代具体的两个事物之间的关系，如"地铁线路"和"城市"之间可能存在"位于"关系类型。位于数据层两个实体之间的关系，是其所属概念对应关系类型的一个实例，是知识内容的一部分，如"北京地铁 2 号线"与"北京"具有"位于"关系。而数据层的实体与模式层的概念之间存在类属关系，如"北京地铁 2 号线"类属于"地铁线路"，亦即"北京地铁 2 号线"是"地铁线路"的一个实例。

在知识图谱中，有很多种关系类型，其中"类属关系""部分关系"是比较常见的两种关系类型，由这两种关系组成的知识网络具有明显的层次结构。

（4）属性（Attribute）：用来描述事物的特征。概念、实体、关系都可能具有属性。位于模式层用来描述概念（实体类型）、关系类型的属性，定义了该类对象可能具有的属性特征，如"地铁线路"的"里程"、"城市"的"邮编"等。而位于数据层用来描述具体实体对象的属性，通过关联"属性值"定义该实体对象的特征状态，如"北京地铁 2 号线"的"里程"为"23.1 千米"。关系也可以具有"属性"，如"组织机构"与"工程项目"之间的关系"参与"可以具有属性"参与角色"，通过属性可以定义非常复杂的关系。

知识图谱的模式层建立在数据层之上，用来规范数据层的知识结构。模式层的概念（实体类型）、关系类型、属性约束了知识图谱中实体和关系、属性的范围，在一定程度上描述了实体和关系、属性对应的语义内涵，使得计算机能够理解。知识结构模式的定义包含了概念（实体类型）、关系类型及其属性的设计。数据层的实体、关系、属性，以"实体—关系—实体"或者"实体—属性—值"构成了知识图谱最基本的知识单元，通过实体之间的关系联结形成庞大的知识网络。模式层是知识图谱的重中之重，可以将其理解为知识的模板，因为模式层中的知识都是经过层层提炼而得到的，当然这样的模式层需要由本体库进行约束指导。如果想尽可能减少知识图谱中的冗余，就需要构建本体库。本体库中的知识可以作为后续增加进来的知识的模板，通过参考本体库中的知识样例来处理新增的知识。

7.2.3 知识图谱构建技术

在构建知识图谱的时候有从下向上和从上往下两个方向来构建。从上往下的构建方式就是需要借助一些外在的结构化知识。这些知识往往都是公认的事实，然后依次为模板从收集到的数据中提取出事实，最后将得到的事实存放到知识库中。而从下往上的构建方式是在没有相关的结构化知识作为参考的前提下，从一些公开的数据集中提取信息，然后经过专家的严格审核筛选后，才能加入知识库中。

知识图谱从构建到应用分为以下几个阶段，分别是知识建模、知识获取、知识抽取、知识存储、知识推理和知识应用。知识建模阶段主要是根据知识图谱的用途设计知识图谱的模式层，即构建知识图谱的本体。得到知识图谱的模式层后，进行知识获取。获取到的知识通常来自不同的数据库，这就会造成实体或关系的歧义，在知识融合步骤中需要针对性地将这些歧义消除，统一各个来源的数据。知识存储阶段需选择合适的工具存储知识库。知识推理阶段的主要任务是丰富知识图谱的知识量，提供更多的查询功能。最后是知识图谱的应用，比如智能问答、智能搜索等。

1. 知识建模

知识建模阶段为知识图谱的结构打下基础。该阶段主要是将现实世界中离散的实体按照一定的逻辑分类、分层，形成类似于"类"的知识图谱的模式结构。根据整个知识图谱构建方法的不同，知识建模的方式也会有区别。而且知识图谱的模式也有显示和非显示两种。

若用资源描述框架（RDF）进行知识存储，在构建知识图谱前需要用一些工具来构建本体。这个构建本体的过程就是一种知识建模。若用图数据库的方式存储知识图谱，则对实体和关系的语义的定义是在图数据库中建立知识图谱的同时进行的，一般不需要显示本体建模。在构建初期，只需要构建者对知识图谱的模式有清晰的认识。一般需要用一些画图工具将知识图谱的模式清晰地表达出来。

2. 知识获取

对于通用知识图谱来说，最常见的知识来源于网络上各大百科的数据。而对于垂直领域知识图谱，除了这些百科数据之外，还会有很多专门的网站提供开源的数据。例如对于交通领域而言，百度地图、高德地图以及 Openstreetmap 等网站提供了很多道路及路况信息，各大天气网站也能提供良好的历史天气数据。

3. 知识抽取

知识抽取是从获取到的数据中抽取出知识图谱中的实体、关系以及属性。实体抽取也称作命名实体识别，是从原始数据中抽取出实体。对于通用知识图谱，涉及的数据通常是百科上的文本数据，需要用命名实体识别方法自动挖掘文本中的实体名。抽取到的实体质量越好，后续的知识获取过程的效果也越好。最初的方法是先归纳实体类别，然后对实体的边界进行识别，最后用自适应感知机算法对实体进行自动分类。但互联网上的内容会随着时间快速变化，采用这种人为归纳实体类别的方法越来越难以适应现在的互联网环境。于是产生了面向开放域的实体识别方面的研究。在这个领域的研究中是不需要为每一个专业领域建立单独的语料库作为训练集的，于是产生了两种途径解决用少量实体自动挖掘实体的问题。其一是将少部分已知的实体实例进行特征建模，随后在数据集上利用这个模型得到新的实体命名列表，然后对这个新的实体列表建模。如此反复迭代逐渐地生成最终的实体库。其二是利用搜索引擎自带的服务器日志，基于语义信息从搜索日志中提取出实体，然后用聚类算法对这些实体进行聚类，归纳出实体库。

对于垂直领域知识图谱，实体的类别一般较少，且相对固定。采用人为归纳分类的方法能更加准确、专业地抽取出实体，而且也不会耗费大量的人力物力，被广泛地采用。

关系抽取是将实体抽取得到的离散实体联系到一起的过程，建立了实体与实体之间的语义联系。与实体抽取类似，为了自动地从文本数据中抽取出实体之间的联系，产生了很多机器学习方法，从最开始的基于特征向量或核函数的监督学习方法，到面向开放域的抽取方法，到最后面向开放域和面向封闭领域结合的方法等。

属性抽取是从不同来源的数据中归纳某个实体的属性信息的过程。例如对于某个路段，可以抽取出它的长度、方向、位置等属性信息。其本质是将属性转化成关系，即将（实体，属性，值）中的属性看作实体和属性值之间的关系，将属性抽取转化成关系抽取任务。传统的方法基于规则启发式算法，主要是从结构化的数据中提取属性。后来发展为用自然语言处理等数据挖掘方法从文本数据中直接挖掘出实体和属性值之间的联系。

4. 知识存储

知识图谱有很多种形态，最基本的形态以三元组的形式存储。知识图谱的三元组分为（实体，关系，实体）和（实体，属性，值）两种。单纯地用表格或者文本文件进行存储会忽略语义信息，将二者混为一谈。因此需要一种特殊的语言来同时存储三元组的结构和语义信息。

RDF 即资源描述框架，是由 w3c 提出的专门存储知识图谱三元组的语言。RDF 在创建和处理数据时能表示由节点和关系组成的知识图谱的结构，将图中的节点表示成实体和属性值，将连线表示成属性和关系。在 RDF 基础上的扩展 RDFS 加入了更多的语义信息上的细节，利用这种语言存储知识图谱既能以文本这种空间占用小的方式存储数据，也能将其很方便地转化成图的形式。RDF 语言基于 XML 语言设计，每个节点的信息通过 URI 来定义，并用 ID 来对节点的属性和关系进行绑定。

知识图谱的另一种表现形式是图的形式。用 RDF 语言存储的知识图谱可以通过特定的工具进行可视化，生成图的形式。除此之外，还可以用图数据库存储知识图谱，也可以直接将数据存储为图的形式。图数据库是非关系型数据库（NoSQL），将实体和属性值视为图中的节点，将关系和属性视为边。用图数据库存储知识图谱比用关系型数据库存储三元组更加直观。

基于目标的城市智能
交通模型

7.3 基于目标的城市智能交通模型

1. 问题背景

在当今的城市，交通已经成为一个时间、精力、耐心和资源消耗的问题。虽然在交通密度非常高的情况下没有解决方案，但是有几种管理交通的方法。每种方法都涉及不同数量的资源投资，并为司机、行人和交通管理人员提供不同程度的满意度。

传统的交通管理方法试图优化静态情况下的解决方案，通常考虑每小时的交通密度基本配置。但是，这些配置可能突然发生变化，传统方法无法自动考虑这些变化。通常它们是基于一组典型的交通密度和拓扑考虑的操作优化方法，因为对每种可能情况建模解的空间是非常大的。

先进的交通管理系统（ATMS）使用学习方法来适应交通灯的相位，通常使用中央计算机或分级计算机。然而，高成本、复杂性和专有方法的使用阻碍了从一种特定方法向另一种方法的迁移，这被认为是目前 ATMS 的缺点。此外，它们通常需要由专家进行维护，并需要为每个城市提供不同的解决方案。

城市交通管理是一个涉及大量物质和经济资源的复杂问题。多智能体系统（MAS）由一组分布式的、通常是协作的、自主运行的智能体组成。一个城市的交通可以用一个MAS 来模拟。不同的智能体、不同的车、不同的红绿灯，通过交互来达到一个整体的目标：减少交通用户的平均等待时间。

在本文中，我们描述了一个基于目标的智能体来模拟城市交通。知道当前的环境状态并非总是足以帮助决定做什么。例如，在路口，汽车可以向左转，向右转，或者直行。正确的决策取决于汽车要去哪里。换句话说，智能体不仅需要当前状态的描述，而且需要某种目标信息来描述想要达到的状况。例如，要到达乘客的目的地。智能体程序会把这种信息和可能行动的结果信息（和反射型智能体用来更新内部状态的信息相同）结合起来，以选择达到目标的行动。

交通网格目标模型模拟城市网格中的交通运动。通勤行为、交通拥堵和停车模型模拟了交通在一个简化的城市网格中的移动，其中有几个垂直的单行道组成了一个十字路口。该模型给出了车辆的目标，即开车上下班。这是使用认知智能体的交通模型。该模型中的智能体使用基于目标的认知。模型给出汽车目的地（住址或工作地点）来调查通勤者的交通流量。该模型中的智能体使用基于目标和自适应的认知。

模型允许控制交通灯和全局变量，如速度限制和车辆数量，并探索交通动态。例如停车比率和人数，并探索交通动态，特别是通过平均速度和平均等待停车时间测量的交通拥堵，这将增加总效用。

每走一步，汽车都要面对下一个目的地（工作或家庭），并试图向前移动（以它们目前的速度并保持安全的速度）。如果它们当前与前面汽车的距离小于安全距离，它们就会减速；如果距离大于安全距离并且当前速度低于限速，而且前面没有车，它们就会加速；如果它们前面是红灯或有车停下来，它们就停车。

每辆车都有一个家庭格子和一个工作格子（如果你在看一辆车，房子的格子会变成黄色，工作的格子会变成橙色）。这些汽车将轮流从他们的家开车去上班，然后从他们的工作地点开车回家。

在每一个循环中，每辆车将被指定一个目的地。十字路口的交通灯会在每个周期的开始自动改变，如图 7.3 所示。

2. 模型设计

（1）智能体设计。设计自动驾驶车辆 HVs。相关的智能体属性定义如下：

```
turtles-own [
    speed                    ;; 汽车的速度
    up-car?                  ;; 如果汽车向下移动，则为真；如果汽车向左 / 向右移动，则为假
    wait-time                ;; 从海龟上次移动到现在的时间
```

```
goal              ;; 我现在要去哪里
count-down        ;; 花在停车位上的时间
from              ;; 初始点（对于 HVs：他们离开停车位的位置）
goto              ;; 目的地（目标）
on?               ;; 如果汽车正在运行
]
```

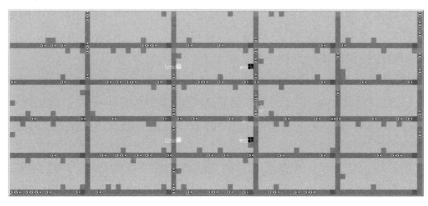

图 7.3　城市智能交通场景

（2）环境设计。初始化交通世界环境如下：

```
patches-own [
    intersection?     ;; 如果 patch 位于两条路的交叉点，则为真
    green-light-up?   ;; 如果绿灯在十字路口上方，则为 true，否则为 false
    auto?             ;; 这个路口是否会自动切换
    house?            ;; 这是否是一个房子的停车位
    work?             ;; 这是否是一个工作的停车位
    occupied?         ;; 停车位是否占据
]
```

（3）算法设计。

setup-globals——创建全局变量。设置 x 和 y 方向两条路之间的 patch 数量。

setup-patches——创建场景。使地块具有合适的颜色，设置道路和路口智能体集，设置交叉口。给交叉点适当的值，使所有的交通灯都启动，使红灯水平、绿灯垂直设置目的地，设置停车位数量。

setup-cars——创建车辆。将 turtle 变量初始化为适当的值，并将其放置在空的道路地块上。

（4）设置实验参数（表 7-1）。

表 7-1　实验参数的设置及说明

参数名称	参数说明	取值范围
NUM-CARS	设置模拟中的汽车数量	0 ～ 400
TICKS-PER-CYCLE	每周期计时。设置每个周期计时的次数。这对手动灯没有影响，允许增加或减少灯光以自动改变的粒度	1 ～ 100
PARKING-RATIO	有停车位的 HVs 的百分比	0 ～ 100
SPEED-LIMIT	设置汽车的最大速度	0 ～ 1

3. 主要算法代码

运行过程。

```
to go
  set-signals                    ;;3.1 设置交通灯
  ask-concurrent HVs [           ;; 为 HVs 指定任务
    isDestination                ;;3.2 是否目的地
  ]
  next-phase                     ;;3.3 更新相位和全局时钟
  tick
end
```

3.1 设置交通灯子过程，当相位等于每个交叉口的 my-phase 时，交通灯就会变色。

```
to set-signals
  ask intersections with [ auto? and phase = floor ((my-phase * ticks-per-cycle) / 100) ] [
    set green-light-up? (not green-light-up?)
    set-signal-colors            ;;3.1.1 设置交通灯颜色 2 级子过程
  ]
end
```

3.1.1 设置交通灯颜色 2 级子过程，这个过程检查每个十字路口的变量 green-light-up?，并设置交通信号灯的绿灯向上或向左开了绿灯。

```
to set-signal-colors
  ifelse green-light-up? [
    ask patch-at -1 0 [ set pcolor red ]
    ask patch-at 0 -1 [ set pcolor green ]
  ] [
    ask patch-at -1 0 [ set pcolor green ]
    ask patch-at 0 -1 [ set pcolor red ]
  ]
end
```

3.2 是否目的地子过程。

```
to isDestination
  ifelse reachDestination = false [    ;;3.2.1 查看 HV 是否已到达目的地
    set on? true                       ;; 汽车在运行 running
    set-car-dir                        ;;3.2.2 设置汽车方向
    set-safety-distance-HV             ;;3.2.3 设置安全距离
    fd speed
    record-data                        ;;3.2.4 记录绘图数据
  ] [                                  ;; 如果这是目的地，检查汽车是否停在停车场
    ifelse on? = false  [              ;; 如果车停了，停车时间倒计时
      ifelse count-down <= 0 [         ;; 如果停车时间到了
        move-to-company                ;;3.2.5 移动到公司
      ] [
        decrement-counter              ;;3.2.6 倒计时
      ]
    ] [   ;; 车没停，为当前位置创建临时变量，并在当前位置旁边寻找停车位
      let cur-spot find-spot           ;;3.2.7 报告是否找到停车位
      let x [pxcor] of cur-spot
      let y [pycor] of cur-spot
      ifelse x != 0 and y != 0 [       ;;HV 汽车找到一个停车位
        move-to-spot x y               ;;3.2.8 HV 将移至开放车位
```

```
      set-counter                      ;;3.2.9 设置停车倒计时
    ] [                                ;; 这辆车没有停车位
    go-around                          ;;3.2.10 继续开车，直到 spot 开放
    ]
  ]
]
end
```

3.2.1 查看 HV 是否已到达目的地 2 级子过程。

```
to-report reachDestination
  let reach? false
  if goto = one-of house [
    let x [pxcor] of patch-here
    let y [pycor] of patch-here
    if x >= -18 and x <= -1 [
      set reach? true
    ]
  ]
  if goto = one-of work [
    let x [pxcor] of patch-here
    let y [pycor] of patch-here
    if x <= 18 and x >= 1 [              ;; 当前目标为 work 之一且感知到 x <= 18 and x >= 1 则到达
      set reach? true
    ]
  ]
  report reach?
end
```

3.2.2 设置汽车方向 2 级子过程。

```
to set-car-dir
  if intersection? [                    ;; 如果在一个交叉口
    ifelse up-car? [                    ;; 如果在十字路口向北行驶，将随机决定是否要右转
      let temp random 2
      ifelse temp = 0
        [set up-car? true ]             ;; 向左转
        [set up-car? false ]            ;; 向右转
    ][                                  ;; 向东行驶到十字路口，会随机决定是否左转
      let temp random 2
      ifelse temp = 0
        [set up-car? true ]             ;; 向左转
        [set up-car? false ]            ;; 向右转
    ]
  ]
  ifelse up-car? [ set heading 0 ] [ set heading 90 ]
end
```

3.2.3 设置安全距离子过程，设置 HV 需要与前面车辆保持的距离，计划将此修改为构建模型。

```
to set-safety-distance-HV
  let distance-car 1
  let one-patch (not any? turtles-on patch-ahead 1)
  ifelse one-patch
```

```
      [set distance-car distance-car + 1]
      [set distance-car distance-car + 0]
    let two-patches (one-patch and not any? turtles-on patch-ahead 2)
    ifelse two-patches
      [set distance-car distance-car + 1]
      [set distance-car distance-car + 0]
    let three-patches (two-patches and not any? turtles-on patch-ahead 3)
    ifelse three-patches
      [set distance-car distance-car + 1]
      [set distance-car distance-car + 0]
    ifelse distance-car > 3 and pcolor != red  [
      speed-up                        ;; 增加车速
    ][ if distance-car < 3 [slow-down]     ;; 降低车速
    ]
    if distance-car = 1  [set speed 0]
  end
```

3.2.4 记录绘图数据 2 级子过程，如果车速为 0 且没有停车，请记录汽车已停止的时间。

```
to record-data
  ifelse speed = 0 and on? = true [
    set wait-time wait-time + 1
  ] [
    set wait-time 0
  ]
end
```

3.2.5 移动到公司 2 级子过程，如果停车时间到了，回到路上。

```
to move-to-company              ;; 检查所有的停车清单，找到它停在哪个目的地
  if member? patch-here list-parking-work  [
    ask patch-here [set occupied? false]
    set num-HVs num-HVs - 1
  ]
  if member? patch-here list-parking-house [
    ask patch-here [set occupied? false]
    set num-HVs num-HVs - 1
  ]
end
```

3.2.6 倒计时 2 级子过程，如果停车时间未到，继续倒计时。

```
to decrement-counter
  set count-down count-down - 1
end
```

3.2.7 报告是否找到停车位 2 级子函数。

```
to-report find-spot
  let found false
  let spot one-of patches with [pxcor = 0 and pycor = 0]
  if goto = one-of house [              ;; 检查工作停车位是否开放
    let spot1 one-of neighbors4 with [ pxcor < 0 ]
    if member? spot1 list-parking-house [
      set spot spot1
      set found not [occupied?] of spot1
    ]
```

```
    ]
    if goto = one-of work [
        let spot1 one-of neighbors4 with [ pxcor > 0 ]
        if member? spot1 list-parking-work [
            set spot spot1
            set found not [occupied?] of spot1
        ]
    ]
    ifelse found [report spot]
    [report one-of patches with [pxcor = 0 and pycor = 0]]
end
```

3.2.8 HV 将移至开放车位 2 级子过程，如果 HV 发现了一个开放的地点，移动到那个地点停车。

```
to move-to-spot [x y]
    setxy x y
    set on? false
    ask patches with [pxcor = x and pycor = y] [          ;; 更改要占用的停车位的地块
        set occupied? true
    ]
    set num-goals-met num-goals-met + 1                   ;; 更新达到目标的数量
end
```

3.2.9 设置停车倒计时 2 级子过程。

```
to set-counter
    set count-down 20   ;; set parking time
end
```

3.2.10 继续开车，直到 spot 开放 2 级子过程。如果 HV 找不到车位，继续开，直到找到车位为止。

```
to go-around
    if count [turtles-here] of patch-ahead 1 = 0 [fd 1]
end
```

4. 模型运行结果

将汽车建模为希望通过最短路径从起点到达终点的智能体。在 NetLogo 开发的多智能体模拟器上测试城市模型。实验参数取值如下：

设置汽车的最大速度：SPEED-LIMIT=1。

设置模拟中的汽车数量：NUM-CARS=100。

有停车位的 HVs 的百分比：PARKING-RATIO 73%。

每周期计时：TICKS-PER-CYCLE=65。

用于监测所进行实验的随时间变化的变量如下：

NUMBER OF GOALS MET——目标完成数量，显示 HVs 完成的目标的累计数量。对于 HVs 来说，它们的目标是找到一个地方，并在到达目的地后停车。

STOPPED CARS——停止的汽车，显示一段时间内被停止的汽车数量。

AVERAGE SPEED OF CARS——汽车的平均速度，显示汽车在一段时间内的平均速度（不包括停放的汽车）。

AVERAGE WAIT TIME OF CARS——汽车的平均等待时间，显示汽车随着时间停止的平均时间（不包括停放的汽车）。

仿真过程和算法收敛过程如图7.4～图7.7所示。

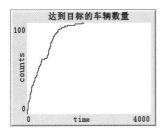

图7.4 达到目标的车辆

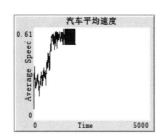

图7.5 汽车平均速度

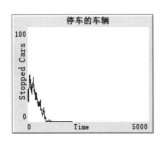

图7.6 停止的车辆

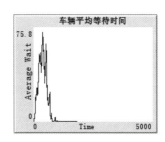

图7.7 平均等待时间

5. 模型扩展

目前，每个十字路口的4个支路中只有两个有红绿灯。在最初的交通网格模型中，只有两个灯是有意义的，因为该模型中的街道是单行道，交通总是朝着同一个方向流动。在更复杂的模型中，汽车可以向各个方向行驶，所以如果十字路口的4个支路都有灯会更好。如果你做了修改会发生什么？交通流量是好还是坏？

作为未来的工作，我们计划对城市模型进行改进，比如场景中的空区、倾斜的街道和环形路。请细化交通灯循环考虑的参数，包括行人的建模等。

7.4 基于效用的高速公路交通模型

基于效用的高速公路
交通模型

1. 问题背景

单靠目标实际上不足以在多数环境中生成高品质的行为。例如，有很多行动序列可以让汽车到达它的目的地（因而达到目标），但有些会比其他的更快、更安全、更可靠，或者更便宜。目标只提供了一个"快乐"和"不快乐"状态之间粗略的二值区分，而更普遍的性能度量应该允许比较不同的世界状态，根据如果可以达到它们能让智能体快乐的确切程度进行比较。因为"快乐"这个词语并没有确切的科学含义，所以习惯的术语是说如果一个世界状态比另一个更受偏好，那么它对智能体来说有更高的效用（Utility）。

效用函数把状态（或者状态序列）映射到实数，该实数描述了智能体与状态相关的高兴程度。完整规格的效用函数通常可以在目标不充分的两种情况下帮助进行理性决策。第一，当有多个互相冲突的目标，而只有其中一部分目标可以达到时（例如速度和安全性），效用函数确定了适当的折中。第二，当智能体瞄准了几个目标，而没有一个有把握达到时，效用函数提供了一种根据目标的重要性对成功的似然率加权的方式。任何理性的智能体都表现得如同拥有一个效用函数并试图使其期望值最大化。

这个模型模拟汽车在公路上的运动。每辆车都遵循一套简单的规则：如果它看到前面有车，它就减速；如果没有看到前面有车，它就加速。汽车以 0.1 到 1 之间的随机速度启动。在这个版本的模型中，我们让汽车改变速度以提高燃油效率。智能体必须在不同的时间加速和减速，以尽量减少它们的汽油使用，同时仍然不会造成事故。这种类型的决策过程给了它们一种基于效用的 Agent 认知形式。在这种认知中，它们试图最大化效用函数——即它们的燃料效率。

在效用函数的语言中，每个 Car Agent 都在最小化一个函数 f，定义为

$$f(v) = |v - v^*|$$

式中：v 是汽车的当前速度；v^* 是最有效的速度。

该模型将汽车的最佳速度（最佳燃油效率）设置为 0.45。如果加速规则使汽车的速度超过最佳速度，汽车就会减速而不是加速，如图 7.8 所示。

图 7.8　高速公路交通背景

车辆之间通过底层的通信进行交互，过程如图 7.9 所示。

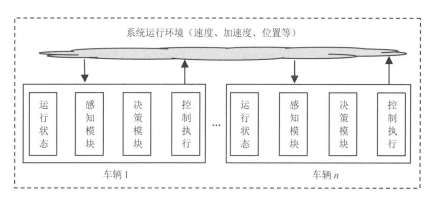

图 7.9　车辆协作过程

2. 模型设计

（1）知识表示设计，设计车辆智能体 cars，基于车辆智能体构建基于知识图谱的车辆动态模型（图 7.10）。

通过对车辆相关实体特征进行分析和刻画，确定车辆的行为规则，研究车辆间的自组织关系，构建基于知识图谱的知识表示。以节能为目标，试图最大化效用函数——它们的燃料效率。

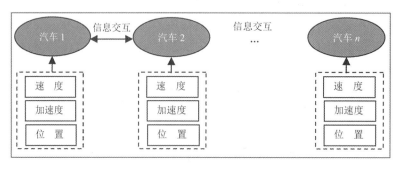

图 7.10　基于知识图谱的车辆动态模型

（2）环境设计。

初始化环境场景：

setup-road——设置公路。

setup-cars——设置车辆，将其初始速度设置在 0.1 到 1.0 的范围内。

（3）算法设计。

slow-down-car car-ahead——3.1 车辆减速。

adjust-speed-for-efficiency——3.2 调整车速。

（4）参数设计（表 7-2）。

NUMBER-OF-CARS——设置数字滑块来改变道路上的汽车数量。

ACCELERATION——设置汽车加速度。

DECELERATION——设置汽车减速度。

EFFICIENT-SPEED——汽车的有效速度，有效速度滑块是汽车效用函数的基础。汽车超过限速就会减速。

表 7-2　实验参数的设置及说明

参数名称	参数说明	取值范围
NUMBER-OF-CARS	汽车数量	0 ～ 41
ACCELERATION	汽车加速度	0 ～ 0.099
DECELERATION	汽车减速度	0 ～ 0.0099
EFFICIENT-SPEED	汽车的有效速度	0 ～ 1

3. 主要算法代码

主要运行过程。

```
to go
  ask turtles [
    let car-ahead one-of turtles-on patch-ahead 1    ;; 选择在前面的地块上的一辆车
    ifelse car-ahead != nobody [                     ;; 如果前面有一辆车，匹配它的速度，然后减速
      slow-down-car car-ahead                        ;; 3.1 车辆减速
    ][                                               ;; 否则，调整速度，以找到理想的燃料效率
      adjust-speed-for-efficiency                    ;; 3.2 调整车速
    ]
    if speed < speed-min [ set speed speed-min ]     ;; 不可在最低速度以下减速，也不可在限速以上加速
      fd speed
  ]
  tick
end
```

3.1 车辆减速子过程。

```
to slow-down-car [ car-ahead ]
  set speed [ speed ] of car-ahead - deceleration
end
```

3.2 调整车速子过程，调整速度以接近最有效的速度。

```
to adjust-speed-for-efficiency
  if speed != efficient-speed [                      ;; 如果汽车在有效的速度，什么也不做
    if (speed + acceleration < efficient-speed) [    ;; 如果加速仍然使汽车低于有效速度，则加速
      set speed speed + acceleration
```

```
        ]
        if (speed - deceleration > efficient-speed) [        ;; 如果减速仍然使汽车超过有效速度，则减速
            set speed speed - deceleration
        ]
    ]
end
```

4.　模型运行结果

最后对车辆模型进行模拟测试，验证其有效性。

实验参数取值如下：

汽车数量：NUMBER-OF-CARS=10。

加速度：ACCELERATION=0.0045。

减速度：DECELERATION=0.027。

汽车的有效速度：EFFICIENT-SPEED=0.5。

仿真过程和算法收敛过程如图 7.11～图 7.12 所示。

图 7.11　仿真过程

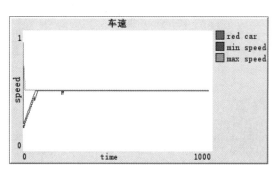

图 7.12　算法收敛过程

第8章 强化学习智能体

本章导读

当前的机器学习算法可以分为三种：监督学习、无监督学习和强化学习。其他许多机器学习算法中学习器都是学习怎样做，而强化学习是在尝试的过程中学习到在特定的情境下选择哪种行动可以得到最大的回报。强化学习的核心思想是"试错"（Trial-and-Error）：智能体通过与环境的交互，根据获得的反馈信息迭代地优化。在强化学习（RL）领域，待解决的问题通常被描述为马尔科夫决策过程。RL 与其他机器学习算法不同的地方在于：其中没有监督者，只有一个 Reward 信号；反馈是延迟的，不是立即生成的；时间在强化学习中具有重要的意义；Agent 的行为会影响之后一系列的数据。

本章关键词

强化学习；马尔科夫决策；Q 学习；SARSA 学习

8.1 强化学习智能体概述

8.1.1 强化学习智能体的发展历程

强化学习的思想来源于人类对动物学习过程的长期观察。强化学习是人工智能领域既崭新而又古老的课题，其发展历史可以粗略地划分为两个阶段：第一阶段是 20 世纪 50 年代至 60 年代，可以称为强化学习的形成阶段；第二阶段是 20 世纪 80 年代以后，可以称为强化学习的发展阶段。

在第一阶段，"强化"和"强化学习"这些术语由 Minsky 于 1960 年首次提出。在控制理论中，由 Waltz 和付京孙于 1965 年分别独立地提出这一概念。这些词描述了通过奖赏和惩罚的手段进行学习的基本思想。学习是通过试错（Trial-and-Error）的方式进行的，当一个行为带来正确（或错误）的结果时，这种行为就被加强（或削弱）。在 20 世纪六七十年代，强化学习的研究陷入了低谷。

进入 20 世纪 80 年代后，随着人们对人工神经网络的研究不断取得进展以及计算机技术的进步，强化学习的研究又呈现出一个高潮，逐渐成为机器学习研究中的活跃领域。Sutton 于 1984 年在他的博士论文中提出了 AHC 算法，比较系统地介绍了 AHC 思想，文中采用 AHC 和 RL 两个神经元对不同的算法进行了大量实验；Sutton 又于 1988 年在 *Machine Learning* 上发表了题为"Learning to Predict by the Methods of Temporal differences"的著名论文，可以说是一篇经典之作。该论文提出了瞬时差分（Temporal Differences，TD）方法，解决了强化学习中根据时间序列进行预测的问题，并且在一些简化条件下证明了 TD 方法的收敛性。许多学者对 TD 方法进行了分析和改进。在强化学习方法中，另一个比较著名的算法是由 Watkins 等提出的 Q-learning 算法。它可以被看作一种离线策略 TD 算法。之后，Jing Peng 及 Williams 等提出了多步 Q-learning 方法。

进入 20 世纪 90 年代后，强化学习向着高维方向发展，已经不再局限于对参数的学习，其中分布式强化学习成为研究的热点。分布式强化学习的研究大约起源于 20 世纪 90 年代初期，并随着分布式人工智能中的多 Agent 系统的发展而发展。由于其起步较晚，因此目前仅处于理论研究和算法仿真阶段。

在多 Agent 系统中，每个 Agent 对其他 Agent 的知识了解甚少，然而环境是动态变化的，作为一种不需要环境模型的自我学习方法，强化学习很适用于多 Agent 系统。因此，强化学习在多 Agent 环境中的应用研究已经引起了越来越多的关注，近年来在其理论、方法和技术方面进行了全面的研究。1993 年，Tan 提出将强化学习方法应用于猎人合作游戏，在合作多 Agent 强化学习中引入了共享感知信息、经验和已知策略的方法，从而更快地学会了几个猎人捕获猎物的策略；1995 年，Pan.Gu 等提出了一种完整的分布式强化学习系统框架，形成了较为完整的理论体系；德国学者 Winfried 等采用强化学习使六足昆虫机器人学习六条腿的协调动作；Sachiyo Arai 和 Katia Sycara 在基于利益共享的多 Agent 系统中引入强化学习来解决动态环境中的规划和资源冲突问题，使多 Agent 系统达到平衡；Yasuo 等通过在 Agent 内部对其他 Agent 的行为建模，提出了两个 Agent 的协作方法；有的研究人员还将多 Agent 系统中强化学习方法应用于邮件路由选择、口语对话系统以及机器人足球比赛等领域。

将强化学习技术应用到多 Agent 系统主要有以下几种方法。一是将多 Agent 系统看作一个整体，并借助单 Agent 强化学习方法来学习最优联合策略。但该方法存在"维数灾难"问题。二是每个 Agent 都独立地进行强化学习，不与其他 Agent 交互或者进行适当交互来加速学习。但由于多个 Agent 同时学习，每个 Agent 的目标状态不仅仅取决于自己的行为，同时还受环境中其他 Agent 行为效果的影响。三是建立适用于多 Agent 系统的马尔科夫对策框架对多 Agent 系统的策略进行控制、协调和评估，该方法是应用最为广泛的。以马尔科夫对策框架为基础，Littman 在 1994 年提出了在多 Agent 系统中应用强化学习的问题；1997 年，Filar 和 Vrieze 提出了多 Agent 强化学习的框架模型——Markov Game（MG）；Junling Hu 在 1998 年进一步阐明了 MG 的思想，并证明了应用在线的 Q-learning 算法实现的动态环境下的多 Agent 协作最终会收敛到 Nash 平衡，这为多 Agent 系统中应用强化学习提供了理论基础；之后在 20 世纪 90 年代后期出现了大量的应用强化学习实例，并且在实际应用中不断地对算法进行改进。

强化学习一直是机器学习领域的重要研究方向。随着深度神经网络（Deep Neural Networks，DNN）的飞速发展和广泛应用，越来越多的经典强化学习算法与 DNN 相结合，形成了诸多深度强化学习（Deep Reinforcement Learning，DRL）方法来解决现实世界中的复杂问题。Q-learning 是强化学习领域中最经典的算法之一，但是它不能应用于高维的场景。为解决这个问题，Mnih 于 2013 年首次提出了 DRL 的开创性强化学习模型 Deep Q-network（DQN）。通过 DQN，智能体可以只通过从游戏屏幕的图像中获取的信息来学习如何玩电子游戏 Atari 2600。自提出 DQN 以来，深度强化学习得到了广泛的关注和蓬勃的发展。

在 DQN 的基础上，学者们又提出了多种 DQN 的变体和改进模型。其中，Hasselt 等提出双重深度 Q 网络（Double Deep Q-network，DDQN）。通过对 DQN 应用 Double Q 学习，它可以将动作选择和策略评估分开，从而降低过高估计 Q 值的风险。Wang 等提出了竞争深度 Q 网络（Dueling Deep Q-network）模型，该模型将卷积神经网络提取的数据特征分为两个网络结构：一个网络是状态值函数，另一个网络是和状态相关的优势函数。利用这种竞争性的深层网络结构，智能体能够在策略评估的过程中更快更正确地识别行为，并可以更好地集成网络体系结构。Schaul 等提出了一种基于 DDQN 的具有比较优先级采样方法的双重深度 Q 网络。该方法用基于优先级的采样方法代替传统的统一采样方式，大大提高了对部分更有价值的样本的采样概率，大大加快了最优策略的学习速度。

　　DQN 是基于价值的强化学习方法之一。实际上，当智能体解决复杂问题时，基于策略的强化学习方法具有更好的性能。基于策略的强化学习方法可以直接优化策略的期望总奖励，并可以通过端到端的方式，省去很多的中间环节，直接完成搜索最优策略的目标。与 DQN 等基于价值的方法相比较，基于策略的强化学习方法在强化学习任务中适用的范围更广，策略优化效果更好。但是，由于训练数据不足和实际场景中的较大差异，它容易收敛到局部最优。结合基于价值和基于策略的强化学习方法，学者们提出了既具有策略网络又具有价值网络的表演者－评论者（Actor-Critic，AC）算法。表演者网络是一个策略网络，其输入是状态信息，而输出是动作。评论者网络是价值网络，其输入状态和动作并输出 Q 值。评论者网络评估从表演者网络选择的动作的值，然后计算 TD 误差信号以指导表演者网络和评论者网络的更新。基于表演者评论者网络，Lillicrap 等提出了深度确定性策略梯度（Deep Determinstic Policy Gradient，DDPG）方法，其用于应对深度强化学习中动作空间是连续的情景。实验结果显示，DDPG 能够在动作空间是连续的任务上保持稳定收敛，并且与 DQN 相比较而言，其得到最佳的策略所要花费的步长时间要少得多。与基于值函数的深度强化学习方法相比，基于表演者－评论者框架的深度确定性策略梯度算法，拥有更快的求解速度以及更优秀的优化效果。

　　多智能体系统（Multi-Agent System，MAS）是多个智能体的集合，其目标是将大型的复杂的系统转化成互相通信和协调的小型的且易于管理的系统。在实际问题中，单个智能体的决策能力远远不够。使用集中式智能体解决问题会遇到各种资源和条件的限制，从而导致单个智能体无法应对复杂的实际环境，而使用多个智能体相互协作可以解决许多问题。多智能体强化学习（Multi-Agent Reinforcement Learning，MARL）已经成为强化学习领域的研究热点。Littman 提出了马尔科夫决策过程（Markov Decision Process，MDP）作为 MARL 的环境框架。它为解决大多数强化学习问题提供了一个简单明了的数学框架。随着深度神经网络的普遍应用，学者们将深度学习的方法应用到经典的强化学习算法之中，形成了各种各样的深度强化学习算法。这也使得单智能体强化学习的研究和应用得到了迅速发展。例如，由 Deep Mind 开发的围棋游戏系统 AlphaGo 击败了围棋领域的顶尖人类。目前，多智能体强化学习主要应用于机器人系统、人机游戏、自动驾驶、互联网广告和资源利用等领域。

8.1.2　强化学习智能体概要

1. 强化学习智能体的基本概念

　　机器学习算法大致可以分为监督学习（如回归、分类）、无监督学习（如聚类、降维）和强化学习三种。强化学习（Reinforcement Learning，RL），又称再励学习、评价学习或增强学习，是机器学习的范式和方法论之一。强化学习是近年来机器学习和智能控制领域的主要方法之一。强化学习关注的是智能体如何在环境中采取一系列行为，从而获得最大的累积回报。

在强化学习中，我们使用奖惩机制来训练 Agent。Agent 做出正确的行为会得到奖励，做出错误的行为就会受到惩罚。这样的话，Agent 就会"试着"将自己的错误行为最少化，将自己的正确行为最多化。

2. 强化学习的内涵

首先我们需要了解强化学习的内涵。

强化学习是一种人工智能算法，能够辅助机器更好地去决策。但实际上，它是一种反馈机制，能根据个体和环境的交互，状态不断改变，最终获得决策。简单来说，强化学习本质上是一个自动决策的过程，所有的状态和机制都是为了找到最优决策。强化学习寻找决策的过程有一套完整而清晰的逻辑。

比如让机器人学习走路，机器人想要动起来，那么必须要观察环境后，才决定要不要走路。这里就有一个决策，要走路的话，先出哪条腿？那么，机器人是一个个体（Agent），跟环境（Environment）的交互就是走路这个动作（Action）。在交互过程中，通过观察环境变化，例如有没有障碍物之类的困难，来决定要不要走路。机器人每出一次腿、走一步路，都是一个状态（State）的改变。而根据状态变化，环境可以给予一些奖励（Reward），从而促使机器人不断继续前行，最终做出决策，也能改变环境。

3. 强化学习其他机器学习技术的区别

强化学习用于描述和解决智能体（Agent）在与环境的交互过程中通过学习策略以达成回报最大化或实现特定目标的问题。想象一下，如果我们是人工智能体，则有强化学习和监督学习可以选择，但做的事情是不一样的。面对一只老虎的时候，如果只有监督学习就会反映出老虎两个字，但如果有强化学习就可以决定是逃跑还是战斗，哪一个更重要是非常明显的，因为在老虎面前你知道这是老虎是没有意义的，需要决定是不是要逃跑，所以要靠强化学习来决定你的行为。

强化学习是机器学习中一个非常活跃且有趣的领域，相比其他学习方法，强化学习更接近生物学习的本质，因此有望获得更高的智能，这一点在棋类游戏中已经得到体现。Tesauro（1995）描述的 TD-Gammon 程序，使用强化学习成为世界级的西洋双陆棋选手。这个程序经过 150 万个自生成的对弈训练后，已近似达到了人类最佳选手的水平，并在和人类顶级高手的较量中取得 40 盘仅输 1 盘的好成绩。

举例来说，在学习下象棋时，监督学习情况下的智能体（Agent）需要被告知在每个所处的位置的正确动作，但是提供这种反馈很不现实。在没有教师反馈的情况下，智能体需要学习转换模型来控制自己的动作，也可能要学会预测对手的动作。但假如智能体得到的反馈不好也不坏，智能体将没有理由倾向于任何一种行动。当智能体下了一步好棋时，智能体需要知道这是一件好事，反之亦然。这种反馈称为奖励（Reward）或强化（Reinforcement）。在象棋这样的游戏中，智能体只有在游戏结束时才会收到奖励 / 强化。在其他环境中，奖励可能更频繁。

强化学习是一种机器学习技术，它使智能体能够使用自身行为和经验的反馈通过反复试验在交互式环境中学习。尽管监督学习和强化学习都使用输入和输出之间的映射，但监督学习提供给智能体的反馈是执行任务的正确动作集，而强化学习则将奖惩作为正面和负面行为的信号。无监督学习在目标方面有所不同。无监督学习的目标是发现数据点之间的相似点和差异点；而强化学习的目标是找到合适的行为模型，以最大化智能体的总累积奖励。

强化学习和监督学习的区别主要有以下两点：

强化学习是试错学习（Trail-and-Error），由于没有直接的指导信息，智能体要不断与环境进行交互，通过试错的方式来获得最佳策略。

延迟回报，强化学习的指导信息很少，而且往往是在事后（最后一个状态）才给出的，这就导致了一个问题：在获得正回报或者负回报后，如何将回报分配给前面的状态。

4. 强化学习的 5 要素

强化学习的 5 要素分别是个体（Agent）、环境（Environment）、动作（Action）、状态（State）、奖励（Reward）。这 5 要素相辅相成。环境最后也变成了序列数据，对个体进行影响，从而使智能体对行为和环境有了充分认识，最后得到一个序列决策规则，如图 8.1 所示。

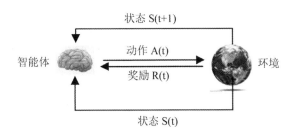

图 8.1　强化学习的工作原理

可以通过了解智能体、环境、状态、行动以及奖励等概念来理解强化学习。

（1）智能体。例如视频游戏中朝目标行动的超级马里奥。强化学习算法就是一个智能体。

（2）行动。行动（Action，A）是智能体可以采取的行动的集合。t 时刻个体采取的行动 A（t）是它的行动集 A 中某一个行动。Action 来自动作空间，Agent 对每次所处的 State 用上一状态的 Reward 确定当前要执行什么 Action。一个行动（Action）几乎是一目了然的，但应该注意的是，智能体是在从可能的行动列表中进行选择。在电子游戏中，这个行动列表可能包括向右奔跑或者向左奔跑、向高出处跳或者向低处跳、下蹲或者站住不动。在股市中，这个行动列表可能包括买入、卖出或者持有任何有价证券或者它们的变体。在处理空中飞行的无人机时，行动选项包含三维空间中的很多速度和加速度。

（3）环境。环境（Environment，E）指的是智能体行走于其中的世界。这个环境将智能体当前的状态和行动作为输入，输出是智能体的奖励和下一步的状态。如果你是一个智能体，那么你所处的环境就是能够处理行动和决定你一系列行动的结果的物理规律和社会规则。

（4）状态。状态（State，S）就是智能体所处的具体即时状态。t 时刻环境的状态 S（t）是它的环境状态集中的某一个状态，也就是说，一个具体的地方和时刻。这是一个具体的即时配置，它能够将智能体和其他重要的事物关联起来，例如工具、敌人或者奖励。它是由环境返回的当前形势。是否曾在错误的时间出现在错误的地点就是一个状态。

（5）奖励。环境的奖励（Reward，R）表示确定 Action 的返回奖赏值，是衡量某个智能体的 Action 成败的反馈。t 时刻个体在状态 S（t）采取的动作 A（t）对应的奖励 R（t+1）会在 t+1 时刻得到。所有强化学习都是基于 Reward 假设的。奖励 R（t）是一种反馈信号。它是一个标量（Scalar），反映的是个体在 t 时刻做得怎么样。R 所表示的 Reward 是即时的回报（没有考虑长期回报）。

每个个体的目标就是最大化积累的奖励（积累的奖励越多自然表示它做得越好）。强化学习就是基于这样的奖励假设：所有的目标都可以被描述成最大化累积奖励的期望。例如，对于直升机飞行特技动作，在它按照规定好的轨迹飞行的时候给予它正奖励反馈，在它碰撞的时候给予它负奖励反馈；对于下围棋来说，它赢了就给予它正奖励反馈，它输了就给予它负奖励反馈。面对任何既定的状态，智能体要以行动的形式向环境输出，然后环境会返回这个智能体的一个新状态（这个新状态会受到基于之前状态的行动的影响）和奖励（如果有任何奖励的话）。奖励可能是即时的，也可能是迟滞的。它们可以有效地评估该智能体的行动。

5. 强化学习过程

环境就是能够将当前状态下采取的动作转换成下一个状态和奖励的函数；智能体是将新的状态和奖励转换成下一个行动的函数。我们可以知悉智能体的函数，但是我们无法知悉环境的函数。环境是一个我们只能看到输入、输出的黑盒子。强化学习相当于智能体在尝试逼近这个环境的函数，这样我们就能够向黑盒子环境发送最大化奖励的行动了。

在许多复杂的领域，强化学习是实现高水平智能体的唯一可行方法。例如，在玩游戏时，人们很难提供对大量位置的准确和一致的评估——而若我们直接从示例中训练评估函数则这些信息是必需的。相反，在游戏中，智能体可以在获胜或失败时被告知，并且可以使用这些信息来学习评估函数，使得该函数可以对任何给定位置的获胜概率进行合理准确的估计。

我们分别从智能体和环境两部分来阐述：

（1）对于智能体本身，在每一个 t 时刻，将分别做三件事：

1）接受在环境得到的一个观测（Observation，O（t））。对于机器人找宝藏这个实际例子来说，则是机器人的摄像头看到的场景。

2）执行动作（Action，A（t）），即机器人根据摄像头看到的路选择往左走或者往右走去寻找宝藏。

3）从环境接受一个奖励的信号 R（t+1），环境会通过奖励信号告诉机器人这步走得好不好。

（2）对于环境本身，在每一个 t 时刻，将分别做三件事：接受智能体的动作 A（t）；更新环境的信息；让智能体得到下一个观察 O（t+1），比如机器人向右走了一步后让机器人看到向右一步后的场景并给予智能体奖励信号 R（t+1）。

8.1.3　Q 学习算法的基本流程

1. Q-Learning

强化学习（Q-Learning）要解决的是这样的问题：一个能感知环境的自治 Agent，怎样通过学习选择能达到其目标的最优动作。

Q-Learning 算法是一种 off－policy 的强化学习算法，一种典型的与模型无关的算法，即其 Q 表的更新不同于选取动作时所遵循的策略，换句话说，Q 表在更新的时候计算了下一个状态的最大价值，但是取那个最大值的时候所对应的行动不依赖于当前策略。

Q-Learning 始终是选择最优价值的行动，在实际项目中，Q-Learning 充满了冒险性，倾向于大胆尝试。Q-Learning 算法目标是达到目标状态（Goal State）并获取最高收益，一旦到达目标状态，最终收益保持不变。因此，目标状态又称为吸收态。

Q-Learning 算法下的 Agent，不知道整体的环境，但知道当前状态下可以选择哪些动作。通常，需要构建一个即时奖励矩阵 R，用于表示从状态到下一个状态的动作奖励值。可由即时奖励矩阵 R 计算得出指导 Agent 行动的 Q 矩阵。

2. Q-Learning 算法本质

Q-Learning 属于 TD－Learning 时序差分学习。同样，该算法结合了动态规划和蒙特卡罗算法（MC），模拟（或者经历）一个情节，每行动一步（或多步）后，根据新状态的价值，来估计执行前的状态价值。

Q-Learning 是强化学习算法中的 value-based 的算法，Q 即为 Q（s，a），就是在某一时刻的 s 状态下（s ∈ S），采取动作 a（a ∈ A）能够获得收益的期望，环境会根据 Agent 的动作反馈相应的回报 r（r ∈ R），所以算法的主要思想就是将 State 与 Action 构建成一张 Q-table 来存储 Q 值，然后根据 Q 值来选取能够获得最大的收益的动作。

下面给出了 Q-Learning 单步时序差分学习方法算法伪码描述：

```
Initialize Q(s,a), s ∈ S, a ∈ A(s)
Repeat (for each episode):
Initialize S
    Choose A from S using policy derived from Q (e.g. greedy)
    Repeat (for each step of episode):
    Take action A, observe R, S′
    Q(S,A) ← Q(S,A)+α[R+γmaxa Q(S′,a)Q(S,A)]
    S ← S′;
    Until S is terminal
```

每个 episode 是一个 training session，且每一轮训练的意义就是加强大脑，表现形式是 Agent 的 Q 矩阵元素更新。当 Q 习得后，可以用 Q 矩阵来指引 Agent 的行动。其中：

S（t）：当前状态 State。

A（t）：从当前状态下，采取的行动 Action。

S（t+1）：本次行动所产生的新一轮 State。

A（t+1）：次回 Action。

R（t）：本次行动的奖励 Reward。

γ 为折扣因子，0 ≤ γ＜1，γ=0 表示立即回报，γ 趋于 1 表示将来回报。γ 决定了时间的远近对回报的影响程度，表示牺牲当前收益，换取长远收益的程度。将累计回报作为评价策略优劣的评估函数。当前的回报值以及以前的回报值都可以得到，但是后续状态的回报很难得到，因此累计回报就难以计算。而 Q-Learning 用 Q 函数来代替累计回报作为评估函数，正好解决了这个问题。

α 为控制收敛的学习率，0＜α＜1。通过不断的尝试搜索空间，Q 值会逐步趋近最佳值 Q^*。

8.1.4　强化学习智能体的应用

强化学习有很多应用。只要在问题里包含了动态的决策与控制，都可以用到强化学习。

1. 强化学习在工业自动化中的应用

强化学习在制造业的应用潜力是显然的。在工业自动化中，基于强化学习的机器人被用于执行各种任务，学习控制机器手的精确动作，比如让它们自动地做比人类目前所能及的更复杂的事情，这些机器人不仅效率比人类高，还可以执行危险任务。

2. 无人驾驶中的应用

开车本质上是一个控制问题。自动驾驶不仅需要模拟人类行为，还需要对前所未遇的情况进行决策，这需要强化学习。

在无人驾驶中，需要考虑的问题非常多，如：不同地方的限速不同、是否是可行驶区域、如何躲避障碍等问题。

有些自动驾驶的任务可以与强化学习相结合，比如轨迹优化、运动规划、动态路径、最优控制，以及高速路中的情景学习策略。

比如，自动停车策略能够完成自动停车。变道能够使用 Q-Learning 来实现，超车能应用超车学习策略来完成超车的同时躲避障碍并且此后保持一个稳定的速度。

3. 智能交通中的应用

智能交通包含了非常多的决策与控制问题。例如共享汽车行业的滴滴和 uber 的派单系统都是动态决策，如何把正确的司机和乘客连接在一起，如何让车辆调动到需求量最大的地方，这些都需要实时地考虑各种因素以调整决策。当然除了派单和调动问题，在每个十字路口交通灯的控制、整个城市里的立体交通网络的协调等，本质上都是强化学习问题。

4. 金融贸易中的应用

金融交易是一个动态控制问题。即使你不能完全预测明天股市的涨跌，你依然需要知道今天要不要下单、下多少单，这就是一个强化学习的决策，它可以影响明天的股市，也会在长远的时间里让我们收益或亏损。机器交易，本质上是一个强化学习问题。

有监督的时间序列模型可用来预测未来的销售额，还可以预测股票价格。然而，这些模型并不能决定在特定股价下应采取何种行动，强化学习正是为此问题而生的。通过市场基准标准对 RL 模型进行评估，确保 RL 智能体做出持有、购买或是出售的正确决定，以保证最佳收益。

通过强化学习，金融贸易不再像从前那样由分析师做出每一个决策，而是真正实现机器的自动决策。例如，IBM 构建了一个强大的、面向金融交易的强化学习平台，该平台根据每一笔金融交易的损失或利润来调整奖励函数。

5. 新闻推荐中的应用

在新闻推荐领域，用户的喜好不是一成不变的，仅仅基于评论和（历史）喜好向用户推荐新闻无法一劳永逸。基于强化学习的系统则可以动态跟踪读者反馈并更新推荐。

构建这样一个系统需要获取新闻特征、读者特征、上下文特征和读者阅读的新闻特征。其中，新闻特征包括但不限于内容、标题和发布者；读者特征是指读者与内容的交互方式，如点击和共享；上下文特征包括新闻的时间和新鲜度等。然后根据用户行为定义奖励函数，训练 RL 模型。

6. 机器人控制中的应用

通过深度学习和强化学习方法训练机器人，可以使其能够抓取各种物体，甚至是训练中未出现过的物体。因此，可将其用于装配线上产品的制造。上述想法是通过结合大规模分布式优化和 QT-Opt（一种深度 Q-Learning 变体）实现的。其中，QT-Opt 支持连续动作空间操作，这使其可以很好地处理机器人问题。在实践中，先离线训练模型，然后在真实的机器人上进行部署和微调。

针对抓取任务，谷歌 AI 用了 4 个月时间，使用 7 个机器人运行了 800 个小时。实验表明，在 700 次实验中，QT-Opt 方法有 96% 的概率成功抓取陌生的物体，而之前的方法仅有 78% 的成功率。

7. 自然语言处理 NLP 中的应用

RL 可用于文本摘要、问答和机器翻译等 NLP 任务。科罗拉多大学和马里兰大学的研究人员提出了一种基于强化学习的机器翻译模型，该模型能够学习预测单词是否可信，并通过 RL 来决定是否需要输入更多信息来帮助翻译。

斯坦福大学、俄亥俄州立大学和微软研究所的研究人员提出的 Deep-RL，可用于对话生成任务。Deep-RL 使用两个虚拟智能体模拟对话，并学习多轮对话中的未来奖励的建模，同时，应用策略梯度方法使高质量对话获得更高奖励，如连贯性、信息丰富度和简洁性等。

8. 医疗保健中的应用

在医疗保健领域，RL 系统能为患者提供治疗策略。系统能够利用以往的经验找到最优的策略，而无需生物系统的数学模型等先验信息，这使得基于 RL 的系统具有更广泛的适用性。基于 RL 的医疗保健动态治疗方案（DTRs）包括慢性病或重症监护、自动化医疗诊断及其他一些领域。DTRs 的输入是一组对患者的临床观察和评估数据，输出则是每个阶段的治疗方案。通过 RL，DTRs 能够确定患者在特定时间的最佳治疗方案，实现时间依赖性决策。

在医疗保健中，RL 方法还可用于根据治疗的延迟效应改善长期结果。对于慢性病，RL 方法还可用于发现和生成最佳 DTRs。

8.2　强化学习的基本实现技术

1. Agent 大脑——Q 表

Q-Learning 算法是强化学习领域中一个特别经典的算法，其具有系统行为无关和易于实现的特点。Q-Learning 算法主要指 Agent 学习，Agent 不知道整体的环境，仅仅知道当前状态下可以选择哪些动作。Q-Learning 是一种自我修正和反馈的机器学习机制，能让机器拥有自我学习和自我思考的能力。Q-Learning 主要解决的是延时反馈的问题。假设 CV（计算机视觉）和 NLP（自然语言处理）是教会计算机如何看和听这个世界，那 Q-Learning 则是教会计算机如何思考这个世界。而这个思考世界的 Agent 大脑就是 Q 函数。

2. 构造 Q 表

Q 函数是一个可以用表格形式描述的离散函数，表格的行数等于系统的状态数目，列数等于 Agent 在系统中可采取的动作总数，有时候也称其为 Q 矩阵。下面让我们以一个简单的游戏为例进行介绍。设计一个 3×3 的网格，运行员在起始方开始，并希望到达目标方，在那里他们将获得 5 分的奖励。有些方块是透明的，有些方块包含危险，分别有 0 点和 –10 点的奖励。在任何方块中，运行员都可以采取 4 种可能的动作来向左、向右、向上或向下移动。运行员可以放置在网格的 9 个正方形中的任何一个中，因此此问题有 9 个状态、4 个动作。因此，可以构造一个 9 行 4 列的 Q 表。现在，我们可以使用 Q 表查找任何状态操作对应的 Q 值（表 8-1）。

表 8-1　Q 矩阵

正方形	left（向左）	right（向右）	up（向上）	down（向下）
(1,1)	Q（s1,a1）	Q（s1,a2）	Q（s1,a3）	Q（s1,a4）
(1,2)	Q（s2,a1）	Q（s2,a2）	Q（s2,a3）	Q（s2,a4）
(1,3)	Q（s3,a1）	Q（s3,a2）	Q（s3,a3）	Q（s3,a4）
...	...	...	...	...
(3,3)	Q（s9,a1）	Q（s9,a2）	Q（s9,a3）	Q（s9,a4）

其中每个元素 Q（si,ai）表示当 Agent 处于状态 si 时，执行了动作 ai 以后能够获得的

期望回报值。

Q（si,ai）:if si then ai

3. Q 矩阵指导 Agent 行为

Q 矩阵如何指导 Agent 行为的问题可以转化为 Agent 如何根据 Q 矩阵并结合自己当前所处的状态决策出自己将要采用的动作，这就引出了 ε-greedy 策略。在具体介绍该策略之前，我们先考虑贪心策略，即每次都选取期望回报值最大的动作，参考过去的经验是合理的，但适当的探索是必要的，如果拘泥于过去的经验，只会停滞不前，难以取得进步，Q 矩阵在这里就相当于 Agent 与系统交互迭代过程中所积累的丰富的历史经验。

ε-greedy 策略：ε-greedy 策略可以说是"经验"与"探索"的平衡策略，其思想是先选取一个范围为（0，1）的 ε 值，如 ε=0.1，在 Agent 动作决策时，产生一个（0，1）之间的随机数，如果该随机数小于 ε，则随机选取一个动作（探索），否则根据 Q 矩阵选取最大的回报值对应的动作（经验），即 10% 的概率进行探索型操作，90% 的概率进行经验型操作。

4. Q 表的迭代

Q 表是在与系统交互的过程中，根据系统的回馈对 Q 表进行修正，这个交互学习的过程，就称为 Q-Learning 过程。

其中根据回报值更新 Q 矩阵的部分，具体按照公式（8-1）更新：

$$Q(s,a) \leftarrow (1-\alpha)Q(s,a)+\alpha[reward+\gamma max_a Q(s',a)] \tag{8-1}$$

式中：s 为决策时所处的状态；a 为采取的动作；s′ 为执行动作后达到的新状态；γ 为衰减系数；α 为学习率，两者范围均为（0，1）；reward 为系统给出的即时回报值。

对于状态 - 动作对（s，a），最优动作价值函数给出了在状态 s 时执行动作 a，后续状态时按照最优策略执行时的预期回报。

一个重要结论是，最优动作价值函数定义为

$$Q^*(s,a)=max_\pi Q_\pi(s,a) \tag{8-2}$$

意义：要保证一个策略使得动作价值函数是最优的，则需要保证在执行完本动作 a 之后，在下一个状态 s′ 所执行的动作 a′ 是最优的。

8.3　机器人 SARSA 学习路径规划

SARSA 学习路径规划机器人

1. 问题背景

下面我们用一个著名的实例 Windy Grid World 来研究 SARSA 算法。图 8.2 所示是一个 10×7 的网格世界，标记有一个起始位置 S 和一个终止目标位置 G。在经过中间一段区域时，会有向上的风，格子下方的数字表示对应的列中风的强度，0 代表无风，1 代表会被吹上去一格，2 代表会被吹上去两格。当个体进入该列的某个格子时，会按图中自下向上的方向自动移动数字表示的格数，借此来模拟世界中风的作用。同样格子世界是有边界的，个体任意时刻只能处在世界内部的一个格子中。个体并不清楚这个世界的构造以及有风，也就是说，它不知道格子是长方形的，不知道边界在哪里，也不知道自己在里面移步后下一个格子与之前格子的相对位置关系，当然它也不清楚起始位置、终止目标的具体位置。但是个体会记住曾经经过的格子，下次再进入这个格子时，它能准确地辨认出这个格子曾经什么时候来过。格子可以执行的行为是朝上、下、左、右移动一步，每移动一步只要不是进入目标位置都给予一个 –1 的惩罚，直至进入目标位置后获得奖励 0 的同时永久停留在该位置。现在要求解的问题是个体应该遵循怎样的策略才能尽快地从起始位置到达目标位置。

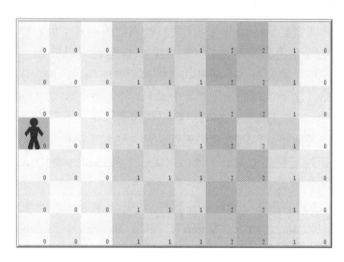

图 8.2　初始环境

现在的目的是，从起始位置 S 想办法到达终点位置 G，选择的动作可以有 8 个方向（上、下、左、右、左上、左下、右上、右下）。这是一个标准的分幕式任务，在到达目标前，每一步的回报都是 –1。

我们的任务是采用 epsilon 贪心策略得到在 200 幕的情况下，从 S 到 G 累计步数的增长情况。

贪心参数 epsilon = 0.1，步长参数 alpha = 0.5，折扣系数 gamma = 0.9，初始状态所有 Q（s，a）= 0。

2. 模型设计

设计智能体的 Q 表和动作属性如下：

turtles-own [q-table next-action]

（1）动作数字化。

动作：up down left right left-u left-down right-u right-d

动作：0 1 2 3 4 5 6 7

（2）环境设计。

初始化环境场景：

setup-world——初始化世界，设置 Agent 的起始位置和目标位置，产生风力。

setup-agents——初始化 Agent，初始化 Q 表及动作，Q-table 实际上是一个由表组成的表。顶级表将每个可能的状态与一个表相关联，将该状态下可以采取的每个操作与其 Q 值相关联。

（3）SARSA 算法。

强化学习是一种试错方法，其目标是让软件智能体在特定环境中能够采取回报最大化的行为。强化学习在马尔科夫决策过程环境中主要使用的技术是动态规划（Dynamic Programming）。流行的强化学习方法包括自适应动态规划（ADP）、时间差分（TD）学习、状态 - 动作 - 奖励 - 状态 - 动作（SARSA）算法、Q 学习、深度强化学习（DQN）；其应用包括下棋类游戏、机器人控制和工作调度等。

Q 学习和 SARSA（状态－行动－奖励－状态－行动）是两种常用的无模型强化学习

算法。它们的勘探策略不同，而利用策略却相似。

Q 学习是强化学习的一种方法。Q 学习就是要记录下学习过的政策，并告诉智能体什么情况下采取什么行动会有最大的奖励值。Q 学习不需要对环境进行建模，即使是对带有随机因素的转移函数或者奖励函数也不需要进行特别的改动就可以进行。

对于任何有限的马尔科夫决策过程（FMDP），Q 学习可以找到一个可以最大化所有步骤的奖励期望的策略，给定一部分随机的策略和无限的探索时间，Q 学习可以给出一个最佳的动作选择策略。这个字母在强化学习中表示一个动作的品质（Quality）。

而 SARSA 是一种策略上方法，在其中根据其当前动作 A 得出的值来学习值。这两种方法易于实现，但缺乏通用性，因为它们无法估计未知状态的值。这可以通过更高级的算法来克服，例如使用神经网络来估计 Q 值的 Deep Q-Networks（DQNs）。但是 DQN 只能处理离散的低维操作空间。

作为 SARSA 算法的名字本身来说，它实际上是由 S、A、R、S、A 几个字母组成的。S、A、R 分别代表状态（State）、动作（Action）、奖励（Reward），这也是我们前面一直在使用的符号。在迭代的时候，我们首先基于 ϵ- 贪婪法在当前状态 S 选择一个动作 A，这样系统会转到一个新的状态 S′，同时给我们一个即时奖励 R，在新的状态 S′，我们会基于 ϵ- 贪婪法在状态 S′ 选择一个动作 A′，但是这时我们并不执行这个动作 A′，只是用来更新我们的价值函数。价值函数的更新公式如下：

$$Q(S,A)=Q(S,A)+\alpha(R+\gamma Q(S',A')-Q(S,A)) \tag{8-3}$$

式中：γ 是衰减因子；α 是迭代步长。这里和蒙特卡罗法求解在线控制问题的迭代公式的区别主要是收获 Gt 的表达式不同。对于时序差分，收获 Gt 的表达式是 $\gamma Q(S',A')R+\gamma Q(S',A')$。

除了收获 Gt 的表达式不同，SARSA 算法和蒙特卡罗在线控制算法基本类似。

下面是 SARSA 算法的流程：

算法输入：迭代轮数 T、状态集 S、动作集 A、步长 α、衰减因子 γ、探索率 ϵ。

输出：所有的状态和动作对应的价值 Q。

1）随机初始化所有的状态和动作对应的价值 Q。对于终止状态，其 Q 值初始化为 0。

2）for i from 1 to T，进行迭代。

a. 初始化 S 为当前状态序列的第一个状态。设置 A 为 ϵ- 贪婪法在当前状态 S 选择的动作。

b. 在状态 S 执行当前动作 A，得到新状态 S′ 和奖励 R。

c. 用 ϵ- 贪婪法在状态 S′ 选择新的动作 A′。

d. 更新价值函数 Q(S,A)：$Q(S,A)=Q(S,A)+\alpha(R+\gamma Q(S',A')-Q(S,A))$。

e. S=S′,A=A′。

f. 如果 S′ 是终止状态，当前轮迭代完毕，否则转到步骤 b。

注意：步长 α 一般需要随着迭代的进行逐渐变小，这样才能保证动作价值函数 Q 可以收敛。当 Q 收敛时，策略 ϵ- 贪婪法也就收敛了。

（3）模型参数设计（表 8-2）。

表 8-2　主要模型参数表

参数名称	参数说明	取值范围
epsilon	探索率	0 ～ 1
alpha	学习率	0 ～ 1

3. 主要算法代码

主要运行过程如下：

```
to go
  if any? turtles-on goal-patch [
    ask turtles [
      initialize-episode                      ;;3.1 迭代初始化
    ]
    set episode-count episode-count + 1       ;; 迭代次数加 1
    clear-drawing
  ]
  ask turtles [
    let state list pxcor pycor                ;; 返回当前状态
    let action next-action
    run-action action                         ;;3.2 运行行为
    set next-action get-next-action current-state
      ;; 基于 3.1 当前状态，3.3 get-next-action 获取下一个行为
    update-action-value state action          ;;3.4 更新行为值
  ]
  tick
end
```

3.1 迭代初始化子过程。

```
to initialize-episode
  pen-up
  move-to start-patch
  pen-down
  set next-action best-action current-state
end
```

3.2 运行行为子过程。

```
to run-action [ action ]
  let target-x median (list min-pxcor (pxcor + first action) max-pxcor)
  let target-y median (list min-pycor (pycor + last action + wind) max-pycor)
  move-to patch target-x target-y
end
```

3.3 获取下一个行为子过程。

```
to-report get-next-action [ state ]
  report ifelse-value (random-float 1 < epsilon) [
    one-of table:keys table:get q-table state
  ] [
    best-action state                         ;;3.3.1 返回最好行为
  ]
end
```

3.3.1 返回最好行为 2 级子过程（贪婪的规则），为给定状态选择 Q 值最高的操作。

```
to-report best-action [ state ]
  let t table:get q-table state
  let max-action-value max table:values t
  let actions-with-max-value filter [ a -> table:get t a = max-action-value ] table:keys t
  report one-of actions-with-max-value
end
```

3.4 更新行为值子过程，更新海龟 Q 表中给定状态下给定操作的值。当我们使用策略学习（SARSA）时，它依赖于 next action 变量。假设未贴现学习，则更新方程中没有 α 项。

```
to update-action-value [ state action ]
    let action-value      table:get table:get q-table state action
    let next-action-value table:get table:get q-table current-state next-action
    let new-action-value action-value + alpha * (reward + next-action-value - action-value)
    table:put table:get q-table state action new-action-value
end
```

4. 模型运行结果

实验参数取值如下：

探索率：epsilon = 0.2。

学习率：alpha = 0.5。

用于监测所进行实验的机器人取回岩石数量随时间变化的变量如下：

rockets-num：机器人取回岩石数量。

仿真过程和算法收敛过程如图 8.3 和图 8.4 所示。

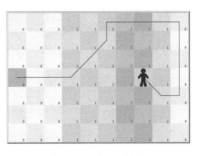

图 8.3   仿真过程

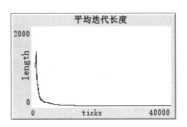

图 8.4   算法收敛过程

8.4   Q 学习跨越障碍机器人

Q 学习跨越障碍机器人

1. 问题背景

跨越障碍机器人通过 Q 学习自主地训练，以超越水平障碍物。跨越障碍机器人可以选择步行或三种不同类型的跳跃，以收集硬币或避免障碍，最终到达目标（由标志显示）。

智能体的一般任务包括收集硬币、避开障碍物、结束关卡（结束关卡而不死亡，达到可能的最高分数）。

环境为障碍物和障碍物分布的路线。智能体的行动包括 walk、regular、long、high，如图 8.5 所示。可能的动作：跑步或不同类型的跳跃；根据跳跃的类型，角色将以不同的状态向右移动 2、3 或 4 个单位。

regular jump：常规跳远（2 单位）。

high jump：跳高（3 单位）。

long jump：跳远（4 单位）。

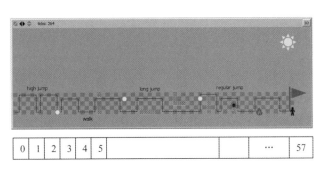

图 8.5　初始场景

2. 模型设计

（1）智能体设计。

主要设计的智能体包括运动员 players、旗子 flags、障碍物 hurdles 和硬币 coins 等。

（2）环境初始化。

setup-variables——设置变量。

setup-patches——设置场景。

setup-hurdles——设置跨栏。

setup-player——设置运动员。

setup-flag——设置旗子。

setup-coins——设置硬币。

setup-Relation-Matrix——初始化 Q 表（表 8-3）。

表 8-3　Q 表

行动类型	0	1	2	3	4	5	6	7	...	57
walk	1	2	3	4	5	6	-	8		
regular	2	3	4	5	6	6	-	9		
high	3	4	5	6	7	6	-	...		
long	4	5	6	7	-1	6	-			

setup-Reward-Matrix——初始化奖励表（表 8-4）。

表 8-4　奖励表

行动类型	0	1	2	3	4	5	6	7	...	57
walk	0	0	0	0	0	-1	-1	0		100
regular	0	0	0	0	-1	1	-1	0		100
high	0	0	0	-1	1	1	-1	0		100
long	0	0	-1	-1	-1	-1	-1			100

其中 Reward 定义如下：

-1——角色死亡，当前状态下的选定操作导致死亡。

10——奖金已领取。

100——目标达成。

（3）模型参数设计。

num-episodes：试错回合数。

step-size：步大小。

Discount：折扣。

exploration-%：探索率。

我们推荐基于 tick 的可视化更新。如果想加快进程，取消标记"视图更新"或提高更新速度。根据喜好调整参数，可以更改迭代次数、跨栏运动员的学习率或折扣因子。

事先选取一个范围为（0，1）的 exploration-%（ε）值，如 ε=0.1，在 Agent 动作决策时，产生一个（0，1）之间的随机数，如果该随机数小于 ε，则随机选取一个动作（探索），否则根据 Q 矩阵选取最大的回报值对应的动作（经验），即 10% 的概率进行探索型操作，90% 的概率进行经验型操作。

各参数的取值见表 8-5。

表 8-5　Q 学习模型的参数

名称	参数说明	取值范围
Iterations	迭代数	0 ～ 5000
discountFactor	折扣因子	0 ～ 0.99
learningRate	学习率	0 ～ 1

3. 主要算法代码

训练过程 train。

```
to train
  episode                              ;;3.1 迭代
  set iter iter + 1
  set iteration-percentile 100 * iter / Iterations    ;; 迭代百分位数
  if iter = Iterations [
    stop
  ]
end
```

3.1 迭代子过程。

```
to episode
  while [not gameOver] [
    ask players [
      pen-down
    ]
    chooseAction              ;;3.1.1 行为选择
    if action = 0 [
      walk                    ;;3.1.2 走
    ]
    if action = 1 [
      jump-regular            ;;3.1.3 常规的跳
    ]
    if action = 2 [
```

```
        jump-long                          ;;3.1.4 长跳
      ]
      if action = 3 [
        jump-high                          ;;3.1.5 高跳
      ]
      ;; 现在在各自的移动之后完成计算 q(calculate-q)
    ]
    ask players [
      set distanceTraveled xcor
      pen-up
      set xcor 0
      pen-down
    ]
    reset-ticks
    set gameOver false
    set currentState 0
    set nextState 0
end
```

3.1.1 行为选择 2 级子过程，步行只会移动一个单位，所以比起其他任何动作来说，步行的可能性更小，再加上一次步行，运行员的移动就更均匀了。

```
to chooseAction
  let actionlist []
  let qlist matrix:get-row Q-Matrix currentState
  let maximum max qlist
  let j 0
  while [j < Action_Size] [
    let temp matrix:get Q-Matrix currentState j
    if temp = maximum [
      set actionlist lput j actionlist
      if temp = 0 [
        set actionlist lput 0 actionlist
      ]
    ]
    set j j + 1
  ]
  set action one-of actionlist
  if hasJumped [
    set action 0
  ]
end
```

3.1.2 走 2 级子过程。

```
to walk
  let counter 0
  while [counter < 4] [
    ask players [
      forward 0.25
      check-hurdle-colission
      check-coin-colission

    ]
```

```
    set counter counter + 1
    tick
  ]
  if not testRun [
    calculate-q                      ;;3.1.2.1 计算 Q 值
  ]
  set hasJumped false
end
```

3.1.2.1 计算 Q 值 3 级子过程。

什么也没有发生，奖励 "1"，以促进达到更长的距离。

运行员死亡，负奖励。

运行员获胜，将获得正奖励。

```
to calculate-q
  set nextState matrix:get Relation-Matrix currentState action
  let currentPos -1
  ask players [
    set currentPos xcor
  ]
  if currentPos > 64 [
    set gameOver true
    set goalReached goalReached + 1
  ]
  set nextReward 1                            ;; 什么也没有发生。奖励 "1"，以促进达到更长的距离
  if gameOver = true and currentPos < 64 [    ;; 运行员死亡，负奖励
    set nextReward -100
    set hasjumped false
    if gotCoin = true [
      set nextReward nextReward + coin-reward
      set gotCoin false
    ]
  ]
  if gameOver = true and currentPos >= 64 [   ;; 运行员获胜，将获得正奖励
    set nextReward 100
    set gotCoin false
    set hasJumped false
  ]
  if gameOver = false and gotCoin = true [
    set nextReward coin-reward
    set gotCoin false

  ]
  calculate-max                        ;;3.1.2.1.1 计算最大 Q 值
  let calculatedReward (matrix:get Q-Matrix currentState action) + learningRate * ((nextReward +
    discountFactor * calculatedMax) - (matrix:get Q-Matrix currentState action))
  matrix:set Q-Matrix currentState action calculatedReward
  set currentState nextState
end
```

3.1.2.1.1 计算最大 Q 值 4 级子过程，利用当前状态的转移矩阵求最大可能 Reward。

```
to calculate-max
  set calculatedMax 0
```

```
      let i 0
      let temp -1000
      while [ i < Action_Size ] [
          set temp matrix:get Q-Matrix (matrix:get Relation-Matrix currentstate i) i
          if temp > calculatedMax [
              set calculatedMax temp
              set calculatedMaxIndex i
          ]
          set i i + 1
      ]
end
```

3.1.3 常规的跳 2 级子过程。

```
to jump-regular
    let counter 0
    repeat 3 [
        ask players [
            set ycor ycor + 1
            check-hurdle-colission
            check-coin-colission
        ]
    ]
    while [counter < 16 and not gameOver ] [
        ask players [
            move-forward
        ]
        set counter counter + 1
        tick
    ]
    fall-down
    if not testRun [
        calculate-q
    ]
end
```

3.1.4 长跳 2 级子过程。

```
to jump-long
    let counter 0
    repeat 3 [
        ask players [
            set ycor ycor + 1
            check-hurdle-colission
            check-coin-colission

        ]
    ]
    while [counter < 24 and not gameOver] [
        ask players [
            move-forward
        ]
        set counter counter + 1
        tick
    ]
```

```
fall-down
if not testRun [
    calculate-q
]
end
```

3.1.5 高跳 2 级子过程，跳 4 个单位高。

```
to jump-high
    let counter 0
    repeat 4 [
        ask players [
            set ycor ycor + 1
            check-hurdle-colission
            check-coin-colission

        ]
    ]
    while [counter < 16 and not gameOver] [
        ask players [
            move-forward
        ]
        set counter counter + 1
        tick
    ]
    fall-down
    if not testRun [
        calculate-q
    ]
end
```

运行过程，运行员移动。

```
to go
    ask players [
        ifelse xcor < 65 and not gameOver [
            if  gameOver [ stop ]
            forward 0.25
            if count hurdles-here > 0 [
                set gameOver true
            ]
            if count coins-here > 0 [
                set gotCoin true
            ]
        ] [
            set gameOver true
        ]
    ]
    if gameOver [ stop ]
    tick
end
```

4. 模型运行结果

实验参数取值如下：

迭代数：Iterations = 1400。

折扣因子：discountFactor = 0.21。

学习率：learningRate = 0.09。

用于监测所进行实验的机器人跨越障碍随时间变化的变量如下：

distanceTraveled：机器人跨越障碍随时间变化。

仿真过程和算法收敛过程如图 8.6 和图 8.7 所示。

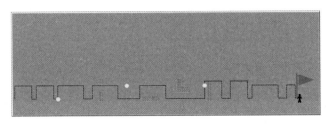
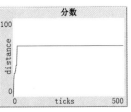

图 8.6　仿真过程　　　　　　图 8.7　算法收敛过程

第9章　多智能体网络与通信

本章导读

MAS 的可通信性或称为社会能力，指智能体之间能够通过某种通信语言进行信息交换。在多智能体系统中，各智能体之间互相通信，彼此协调，并行地求解问题，因此能有效地提高问题求解的能力。多智能体系统中的通信的主要问题是有效性和实时性，避免信息传递过程中出现瓶颈效应。显式通信和隐式通信是两种具有各自特点的通信方式，如何将它们各自的优势结合起来具有重要意义。利用显式通信进行多智能体间的上层协作，再利用隐式通信进行多智能体间的下层协作，当出现无法解决的冲突或锁死问题时，则可以通过显式通信进行一些决策性的协调。这样的通信模式可以减少通信量，增强系统的协调能力，避免通信时的瓶颈问题。

本章关键词

智能体通信方式；多智能体网络；智能体通信模型；智能体通信语言

9.1　智能体网络与通信问题

9.1.1　引言

1. 多智能体通信与交互

智能体是一个物理或者抽象的实体，它可以通过感应器来感知周围的环境并通过效应器作用于自身，且还能与其他的智能体进行通信。单个智能体相对"低能"，它们所具备的感知、存储与计算通信的能力相对来说十分有限。若仅仅依靠个体自身，智能体无法完成复杂的任务。然而，假如一群智能体通过一定的规则组成多智能体网络之后，它们就能实现协同合作，对信息进行计算与处理，并将此（经过处理或者没有经过处理的）信息与邻居智能体交换，从而作为整体去完成某项复杂的任务。

从个体与系统的角度分析，多智能体网络具有"个体智能 + 通信网络 = 整体运动行为"特点。其中，"个体智能"是指组成群体系统的每个个体都具有一定的自主能力，包括一定程度的自我运动控制、局部范围内的信息传感、处理和通信能力等。

多智能体系统研究一个由自主的智能 Agent 组成的群体怎样通过交互作用来解决现实中原本具有分布性的复杂问题。由于问题的分布性和内部相关性，多 Agent 系统中的一个关键问题就是通信。Agent 之间需要进行通信，以便相互交换信息，进行协调或合作，完成求解任务。Agent 的通信能力是其自主性的基础、社会性的体现，是其学习能力的工具和智能性的外在表现。

通信是多智能体之间进行交互和组织的基础。通过通信，多智能体系统中的智能体能了解其他智能体的意图、目标和动作以及当前环境状态等信息，进而进行有效的协商，协作完成任务。在面向智能体的研究背景下，通信问题的处理与并发系统中的方式不同。一般来说，智能体不能强迫其他智能体执行某个动作，也不能把数据写入其他智能体的内部状态。然而，这并不意味着它们不能通信。它们可以做的事情是执行动作，即通信动作，试图用适当的方式影响其他智能体。允许智能体通信并且学习能显著提高多智能体系统的灵活性和适应性。如何利用通信来提高学习以及如何学习通信策略仍旧是一个非常重要的问题。

在现实生活中，复杂的多智能体网络随处可见，如互联网、交通网、智能电网、社交网络、生态网络、经济网络、移动机器人网络、无线传感器网络等都是比较典型的多智能体网络。通过通信，智能体之间可以得到更多的环境信息和任务信息，并且获得其他智能体的意图和动作，从而更好地和其他智能体进行协调完成任务，提高协作效率，改善群体性能。

研究多智能体网络，就是研究其群集或聚集的内在演化规律。在多智能体网络系统中，由于信息与资源是局部的、分散的，每个智能体不具备获取全部信息以及完成整个任务的能力，同时，系统中也不存在全局的控制策略，所有的智能体彼此之间需通过协商或者竞争的方式来协调各自的目标与行为，从而达到共同完成一项复杂任务的目的。这也是多智能体网络系统分布式协同控制的基本特点。

2. 显式通信和隐式通信

通信是智能体之间进行信息共享、任务分配和组织交互的基础。一般来说，智能体之间的通信分为显式通信和隐式通信两种。

（1）显式通信。显式通信是多智能体系统通过特定的介质进行通信，以共同制定的规则或者特定的协议来实现信息的传递，因此，可以使信息、数据在智能体个体中高效地、快速地进行传递和交换。在显式通信中，智能体以及智能体间的连接关系（网络中的节点以及节点间的连接方式）是多智能体网络中最基本、最重要的两个元素。节点代表了网络系统中的智能体，边则代表了智能体间的相互作用关系。

比如由多个无线传感器组成的传感网络就是显式通信。以单个无线传感器为例，它的感知、计算与通信的能力也有限，单个无线传感器无法完成诸如大型温室控制、目标追踪、异常事件定位等复杂任务，而当多个无线传感器组合成多传感器网络之后，网络中的智能体可以协同合作出色地完成这些任务。

用最简单的术语来说，网络就是节点的集合和节点连接方式的指定。本质上，对于一个节点可以是什么，或者这些节点如何连接，没有任何约束。任何可以是 Agent 的东西都可以作为节点，任何 Agent 都可以连接到任何其他 Agent，尽管节点不能通过链接连接到自己。此外，如果有不同的连接方式，也可以使用不同类型（或品种）的链接显式地表示该特性，通过 Agent（节点）的连接显式地表示网络。

随着所研究网络对象的不同，网络中节点以及边所代表的含义也随之不同。例如，在Internet 中，节点可以表示路由器或者子网络，而边则可以表示各节点之间的无线或者有线的连接关系；在 WWW 网络中，节点与边可分别表示网页以及网页相互之间的超级链接；在多个移动智能体所组成的复杂网络系统中，节点表示单个智能体，而边可以表示各智能体之间的通信、感应关系等；在社会网络中，节点可以代表个人、组织甚至国家，边则代表它们之间的社会关系。在复杂多智能体网络中，每一个智能体均表示一个动力学系统，若它们的动力学行为是一致的，则称该网络为同质网络，否则，称之为异质结构网络。网络中的智能体只能与其邻居智能体之间进行局部、有限的通信与信息交互，交换的信息可以是位置、速度或者单个智能体自身检测到的其他信息等。

（2）隐式通信。隐式通信是智能体之间没有通过特定的规则或者协议来进行彼此间信息和数据的传递和交换，而是通过智能体本身的传感器来获取周围环境对自己有用的信息从而实现群体间的协作。例如蚂蚁通过自身获取彼此留下的某种化学物质来传递和获取食物的位置。表示网络的方法是通过链接隐式地表示没有显式连接的网络。当使用这种方法时，每个 Agent 通过列表或其他数据结构跟踪它们的连接。这种方法可能比显式表示更可取，因为它需要更少的智能体（因为链接是智能体的一种类型），并且在观察模型运行时，可能使用更少的内存和资源来刷新屏幕。但是，这种方法使连接哪些节点变得不那么明显，因为所有链接都是在每个节点内部管理的，并不容易看到。

在多智能体系统中，各个智能体装配有不同功能的传感器系统，这些传感器可以让智能体"感知"周围的环境以及其他智能体的动态变化。通过对这些信息进行有效利用和处理，让智能体"理解"信息，从而进行一系列的决策控制。

感知对于多智能体系统具有重要意义：

- 智能体个体通过感知获取周围信息和主控单元的意图，降低了通信所花费的时间。
- 通过感知后对主控智能体的反馈，让系统更快地响应动态变化。
- 感知可以快速地更新系统要求。

近年来，各领域的学者们一直致力于用网络的观点来研究各种复杂系统的问题。网络是一个包含了大量相互作用个体的复杂系统。通常，人们习惯于把这些个体称为网络的节点，把个体彼此间的相互作用看成网络中节点与节点之间的连接关系。如此一来，由大量的智能体以及智能体间的连接所构成的多智能体复杂系统，可称为多智能体网络。在该网络中，每个智能体可以是具体或者抽象的物体，而特定的功能通常要求每个智能体需要具备但不限于以下三点功能：感知周围信息、计算处理信息、与其邻居智能体进行信息交换。

以蜂群效应为例，对应于多智能体网络的概念，我们可以将单只蜜蜂看成单个智能体。单只蜜蜂可以观察周围的环境，比如是否有花可采蜜，这对应于单个智能体需具备的第一个功能，即感知周围信息的能力；如果该蜜蜂发现其周围有花丛，则会做出采蜜的决策并实践这一决策，这对应于智能体需具备的第二个功能，即计算处理信息的能力；当该蜜蜂此次采蜜完成后，在其飞回蜂巢的路上遇见了另一只蜜蜂，则该蜜蜂会通过与另一只蜜蜂进行触须接触，以此告知另一只蜜蜂前方某位置有花蜜可采，这一点则对应于智能体需要具备的第三个功能，即与其邻居智能体进行信息交换。由此可知，蜂群中所有的蜜蜂组成的整体以及类似的自然界中的生物组成的群体网络均可以被认为是一个多智能体网络。

以鱼群为例，单条鱼的感知、计算与通信能力有限，落单的鱼极有可能被捕食者吃掉，而当单条鱼加入某鱼群之后，鱼群中的所有鱼就可以高效地寻找食物、迁徙、防御天敌的攻击、繁衍生息。例如车流的形成和维持过程中，每个司机通常只能根据其前后左右的相邻车辆的运动状态（相对距离和速度）来调整自己的运动状态。基于共同的加速或减速规则，可以形成车流在整体上的有序运动。

总之，在多智能体网络中存在着显式通信和隐式通信。

例如，在多无人机编队的控制飞行中，无人机之间需要彼此的通信交流来获知并交换每架无人机各自的位置信息。无人机之间的通信主要分为显式通信和隐式通信两种。采用隐式通信的多无人机编队系统依靠的是无人机自身的传感器来实现所需要的其他无人机信息的获取，进而实现无人机之间的通信协作。采用显式通信的多无人机编队系统依靠的是某种介质通过一种共同拥有的规定来实现信息之间的传递。比如无人机之间可以采用无线通信的技术，即利用 TCP/IP 协议进行无人机之间的信息交互传递，但是通信的带宽限制使得无人机在信息的传递过程中容易出现问题瓶颈。

复杂多智能体网络的协同控制由于具有很好的鲁棒性、灵活性以及可标度性等优点，已成为复杂网络控制理论方面的一个重要研究领域，同时在军事、商业、交通等领域都有着广泛的应用前景。

9.1.2　智能体通信方式

在多智能体机器人系统中，常用的通信方式有三种：点到点方式、广播方式、黑板模式。

1. 点到点方式

这种方式一般采用 TCP/IP 协议，在通信双方 Agent 间建立直接的物理连接链路。TCP/IP 协议能够保证信息包的安全到达，实现了端到端的确认。物理连接意味着一个 Agent 必须知道系统中别的 Agent 的位置。Agent 地址要么是作为从别的 Agent 接收到广播信息的一部分，要么从一个负责系统中 Agent 注册中心对象那里获得。

2. 广播方式

在这种方式下，每个 Agent 所发出的每条消息都会被所有 Agent 接收到。这种方式下的消息分为两种类型：公共消息和定向消息。公共消息是发送给所有 Agent 的。定向消息是发给某个 Agent 的，其他 Agent 也能收到，只不过在消息内容中加上了该 Agent 的标志。该 Agent 若发现该标志，则予以处理；其他 Agent 发现没有自己的标志，则不予理会。这种方式往往用于系统比较简单、消息种类和数量较少的情况。

3. 黑板模式

在分布式人工智能中，黑板实际上是一个共享存储区。各个 Agent 通过直接对黑板内容进行读写来获得消息、结果或过程信息。每个智能体都可以向黑板写入信息，该信息可为系统中其他智能体所用。智能体可以在任何时候访问黑板，查看是否有当前工作所需信息。在黑板系统中智能体间不发生直接通信，每个智能体独立完成其子问题求解，在黑板的干预下互相协作完成总问题求解。

黑板系统的特点是集中控制、共享数据、解决单一任务、效率高。其缺点是集中控制由调度程序完成，调度程序复杂性往往成为系统瓶颈；共享数据结构难以灵活使用异构数据源，解决单一任务使得黑板系统无法有效完成相互关联的任务。

下面对三种多智能体通信方式进行比较：

广播方式：每个智能体都广播消息，分为定向消息和公共消息两种。

点到点方式：通信双方建立直接的通信线路，需要明确接收方的位置。

黑板模式：黑板是一个共享区，智能体可以直接对其内容进行读写，个体之间不进行直接通信。优点在于集中控制、效率高；缺点是调度程序复杂，无法有效完成相互关联的任务。

9.1.3　智能体通信模型

在计算机系统中，目前常用的高层通信模型有"客户 / 服务器"（Client/Server，C/S）模型和"点对点"模型（Peer to Peer，P2P）模型。MAS 高层通信模型将参考这两种通用模型，因此，在介绍 MAS 通信模型前先简要介绍这两种通信模型。

1. 客户 / 服务器模型

在基于 C/S 模型的通信系统中，计算进程间的通信必须通过通信服务器中转。系统有中心服务器，所有客户进程与服务器进程进行双向通信，客户进程间无直接通路。其模型结构如图 9.1 所示。

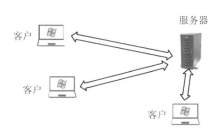

图 9.1　C/S 通信模型结构框图

C/S 模型通常适用于需要集中控制的应用，因为中心服务器可利用其特殊地位了解各客户机的实际需求，这有利于对客户进程的管理以及实现通信资源的合理分配与调度；另外，C/S 模型结构简单、易于实现，便于错误诊断及系统维护。然而，其缺点也是明显的：由于系统的所有数据都必须经中心服务器中转，因此客户进程间通信效率较低，且会导致服务器的工作负荷过大，服务器性能及网络带宽有可能成为影响系统性能的瓶颈；另外，中心服务器的错误会导致整个系统的崩溃，因此 C/S 通信系统的可靠性较差，如不采取办法提升其容错能力，C/S 模型通常不能适应多机器人实时通信系统的要求。

尽管 C/S 模型有可靠性方面的缺陷，但它拥有出色的管理能力，且结构简单、易于实现，因此在软实时应用或系统可靠性有保障的情况下，基于中心控制的 C/S 通信模型仍然是一个不错的选择。在实际应用中，一些基于 C/S 模型的系统已经开发出来，卡内基梅隆大学（CMU）的研究者们开发了适用于机器人多任务处理的进程间通信软件包，其最初版本被称为 TCA（Task Control Architecture），采用的是 TCP 协议开发。

2. 点对点模型

正如前文所提，C/S 通信模型有其固有缺陷，这有可能成为影响系统性能的瓶颈。出于对 C/S 模型缺陷的考虑，有人提出了点对点通信模型，它是将通信模型由中心结构改变为分布式结构，这样一个通信节点进程的出错将不会影响其他节点进程，有助于提高系统的可靠性；另外，节点间通信不经过中心服务器的转发，而是直接进行，提高了通信效率。图 9.2 为 P2P 模型的结构。

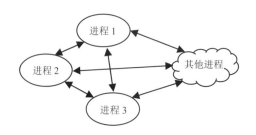

图 9.2　点对点模型结构框图

该模型结构类似于网络模型中的全互连模型，适用于计算进程完全对等的系统。这种模型的特点是：两两计算进程间存在直接通路，可进行直接通信；系统运行不依赖于模型中某个节点，因此，系统负载较为均衡、可靠性较好。

然而，P2P 模型并不适用于包含控制、调度、管理等任务的应用，原因是在多智能体机器人系统中，分布式问题求解是其研究的重要问题之一，待解决的问题通常被分解为若干子问题给各智能体求解，然后各智能体通过相互协作完成最终问题的求解：不同的智能体执行有一定的先后次序，且不同智能体的执行又有不同的资源要求。因此，我们希望有一种机制能对系统资源进行统一、可预计分配。如果采用 P2P 模型来实现这一机制，由于智能体的对等特性，那么每个智能体都要保存所有智能体的状态信息，这增加了本地存储负担；另外，智能体内部状态的任何变化都必须及时通知其他智能体，又增加了网络通信负担；最后，每个智能体都必须处理控制或调度相关的计算，又增加了系统负担。

9.1.4　智能体通信语言

在多智能体系统里，为了实现某一目标，Agent 需要进行通信和交互。Agent 间的通信涉及物理方式和通信语言的理解和生成等。如果 Agent 是异质的，如何将不同的知识转换成统一的能相互理解的通信语言也是一个重要的问题。因此，设计一个理想的 Agent 通信语言就显得十分重要了。

Agent 之间为了交换信息而使用的语言就是 Agent 通信语言（ACL）。Agent 可以通过 ACL 来表达它对其生存环境的认识、观念、态度，它的知识、解题能力、合作愿望和方式、情感，它对问题空间的理解和定义，等等。使用 ACL 的主要目的就是模拟一个理想的框架，在这个框架里，异构的 Agent 可以用有含义的陈述，诸如表达它们环境的信息和知识，进行交互和通信。MAS 中的 Agent 是以组的方式工作，在组里 Agent 之间既合作又分工。Agent 被设计成能自治地互相合作，不仅能实现它们的内部目标，还能实现由于它们参与 Agent 社会所产生的共同的外部目标。由于 Agent 的自治性，Agent 的合作需要一个复杂的通信系统。

在开发 ACL 方面已经进行了大量的研究工作。知识交换格式（Knowledge Interchange Format，KIF）、知识查询与操纵语言（Knowledge Query and Manipulation Language，KQML）和 FIPA 智能体通信语言 ACL（FIPA-ACL）是多智能体系统中使用最为广泛的语言。

（1）知识交换格式。这个语言最初开发的目的是只作为表示特定领域特性的公共语言。它不是想作为表示消息本身的语言，而是设想可将 KIF 用来表示消息的内容。KIF 严格地基于一阶逻辑来表示一个领域中事物的性质、事物间的关系以及一般性质等。为了表示这些事物，KIF 假定了一个基本的、固定的逻辑结构，包含通常的一阶逻辑连接符以及全称量词和存在量词。此外，KIF 提供了基本的对象词汇，特别是数字、字符、字符串，还提供了一些标准函数，以及这些对象的关系。

（2）知识查询与操纵语言。KQML 是基于消息的智能体通信语言。KQML 对信息定义了公共的格式。KQML 的消息大致认为是一个对象：每条消息有一个语用词（可以被认为是消息的类），以及多个参数（属性/值对，可以认为是变量的例化）。20 世纪 90 年代，又提出了 KQML 的几种不同的版本，每个版本中有不同的语用词集合。目前已经开发和发布了几个基于 KQML 的实际系统，但一些局限性影响了其应用。

基本的 KQML 语用词集合没有严格的约束，太容易改变，开发不同的 KQML 实际系统事实上不能互操作。

KQML 的消息传送机制从来没有严格定义，这也使得使用不同的 KQML 会话的

Agent 难以互操作。

KQML 的语义没有严格定义。KQML 的语用词的"含义"只是用非形式化的英语描述，会有不同的解释。

该语言忽略了整个一类语用词——承诺语用词。如果一个 Agent 与另一个 Agent 协调它们的动作，承诺是重要的。

KQML 的语用词集合过于庞大、过于具体。

（3）FIPA 智能体通信语言。1995 年，智能物理智能体基金会（The Foundation for Intelligent Physical Agents，FIPA）开始了开发智能体系统标准的工作，并产生了 ACL。这种 ACL 表面上与 KQML 相似，它定义了消息的一个"外层"的语言；它定义了 20 种语用词，以规定对消息的预期的解释；它没有为消息内容指定任何特定的语言。此外，FIPA-ACL消息的具体语法与 KQML 非常相似。

这些语言成功地促进了包括组织决策、经济管理以及飞行器维护等诸多不同领域的软件智能体的通信与协调。这种智能体间的通信，非常适合与协商或者高级信息传递有关的通信，而对于需要传输底层数据或者对于时间和带宽有限制的系统则常常表现出不足。实际机器人就是这种典型的系统，它们需要通过相对慢的无线网络或者射频调制解调器实时高频率传输遥测数据、视频、音频和传感器数据。实际机器人系统传递数据或者是相对较小的消息，比如遥测命令，或者是大的多媒体文件，比如视频流。ACL 的优势是非常适合小的消息传输，而多媒体文件却不适合通过 ACL 传输，因为这些文件的媒介表示与文本表示不兼容。并且，多数 ACL 需要 ASCII 文本消息，这将导致消息大小以及额外处理数据量的迅速膨胀。因此，多数实际机器人队伍不使用由 MAS 团体开发的智能体通信语言。替代地，他们利用 Ad hoc 解决方法，针对他们自身的系统定义他们自己的协议。这种方法缺乏由诸如 KQML 语言所能提供的语义以及透明度，并且不允许来自不同队伍的机器人相互通信。假定当前的编码协议方法的效率没有显著地降低，机器人团体将从 MAS 框架内部采用一种正式的 ACL 中受益。采用 ACL 将使不同的机器人系统互相通信和合作，允许机器人协商，并且提供增长的透明度。同样地，MAS 团体也将从一个更有效率的底层数据（比如媒体文件）传递方法中受益。

基于广播通信的
机器人聚集

9.2　基于广播通信的机器人聚集

1. 问题背景

有一个"目标"机器人和多个"追随者"机器人，如图 9.3 所示。

图 9.3　模型初始状态

目标机器人向追随者机器人发送关于目标位置的消息。追随者机器人收到这些信息，并朝着信息中给出的位置前进。

2. 模型设计

（1）设计目标智能体 targets 和追随者智能体 followers。

（2）环境设计。

初始化两种智能体的主要场景：

setup-globals——设置全局变量。

setup-patches——设置场景。

setup-followers——设置追随者。

setup-targets——设置目标。

（3）算法设计。

3.1 move-targets——目标移动。目标向追随者广播所在的位置。

3.2 move-followers——追随者移动。收到广播消息后向目标移动。

（4）模型参数设计。

no-of-followers——追随者人数。

3. 主要算法代码

go 过程定义如下：

```
to go
  if not any? followers  [
    print (list "ticks used:" ticks)
    stop
  ]
  move-targets                    ;;3.1 目标移动
  move-followers                  ;;3.2 追随者移动
  tick
end
```

3.1 目标移动子过程，目标向追随者广播所在的位置。

```
to move-targets
  ask targets [                   ;; 要求目标
    if random 5 = 0  [
      rt one-of [-90 -45 45 90]
    ]
    fd 1
    broadcast followers (list xcor ycor) ;; 向追随者广播所在的位置
  ]
end
```

3.2 追随者移动子过程。

```
to move-followers
  ask followers [
    if msg-waiting? [
      let m get-msg
      let from item 0 m
      let msg  item 1 m
      let tx   item 0 msg
      let ty   item 1 msg
      facexy tx ty
```

```
        fd 1
        if any? targets-here [stop]
      ]
    ]
  end
```

4. 模型运行结果

实验参数取值如下：

追随者人数：no-of-followers =10。

用于监测所进行实验的机器人任务完成人数随时间变化的变量如下：

rockets-num：机器人任务完成人数。

仿真过程和算法收敛过程如图 9.4 和图 9.5 所示。

图 9.4　仿真过程

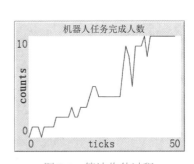

图 9.5　算法收敛过程

探测器和排雷机器人的
点到点通信

9.3　探测器和排雷机器人的点到点通信

1. 问题背景

环境中包含多个地雷和一个箱子。排雷机器人的目标是把地雷收进箱子。当所有地雷都在箱子里时，模型停止运行。

有两种类型的智能体：探测器和排雷机器人。探测器有传感器，可以确定地雷的方向，但它们只能通过移动来确定地雷的确切位置。探测器无法拾取地雷，因此无法将它们运到箱子。排雷机器人没有感应能力，所以不能自己定位地雷，但它们能够捡起地雷（一次一个）并把它们运到箱子。

探测器和排雷机器人一起工作：探测器发现地雷，然后发送信息给排雷机器人，告诉它们地雷的位置。排雷机器人从含有地雷位置信息的探测器上获取信息，然后捡起地雷，把它们放到箱子里。

该模型允许用户指定地雷、探测器和排雷机器人的数量。箱子在环境的中间（xcor=0，ycor=0），所有的智能体都从这里开始。地雷随机地散布在周围环境中。

地雷是黑色和白色的圆形斑点，箱子是绿色的箱子形状，探测器是蓝色的（标准的海龟形状），排雷机器人不携带地雷时是绿色的，携带地雷时是红色的。

当模型开始运行时，探测器（蓝色）离开了箱子区域，都朝着一个地雷前进。当探测器到达一个地雷时，它会选择一个排雷机器人（随机）并向它发送一条关于地雷位置的信息。排雷机器人（绿色）离开箱子区域去取地雷，探测器向另一个地雷移动。初始环境世界如图 9.6 所示。

图 9.6 初始环境世界

当排雷机器人到达地雷时，排雷机器人变成红色，排雷符号从视觉环境中消失，排雷机器人就会把地雷带到箱子里。当手持地雷的（红色）探测器到达箱子时，排雷机器人变成黄色并检查是否有需要放入箱子的另一个地雷的探测器发来的消息。

注意：探测器必然会比排雷机器人先完成工作。

有些排雷机器人比其他排雷机器人做更多的工作，因为探测器会随机选择哪些排雷机器人来告知地雷的情况（所以有些排雷机器人会比其他人先完成工作）。

注意：可以通过构建 BDI 智能体实现这个模型，但是这个示例很适合用于研究智能体消息传递。

2. 模型设计

（1）设计地雷 mines、探测器 detectors、排雷机器人 cleaners 和箱子 bins 4 种智能体及其属性。

（2）环境设计。

定义场景的 patches 如下：

```
cleaners-own[
    status                  ;; 等待 / 抓取 / 携带 waiting/fetching/carrying
    target-x                ;; 它们在找地雷的 xcor
    target-y                ;; 它们在找地雷的 ycor
    carry-mine              ;; 它们携带的地雷
    name
]
mines-own[status]           ;; 隐藏 / 发现 / 清理
detectors-own[
    status                  ;; 跟踪 /（查找）
    target                  ;; 它们在追踪哪个地雷
]
```

初始化主要场景：

setup-globals——设置全局变量。排雷机器人携带地雷红色，排雷机器人正常绿色。

setup-patches——设置场景。

setup-mines——设置地雷。

setup-bins——设置箱子。

setup-detectors——设置探测器。

setup-cleaners——设置排雷机器人。

（3）算法设计。

3.1 move-detectors——探测器移动。

3.2 move-cleaners——排雷机器人移动。

（4）模型参数设计（表 9-1）。

表 9-1　模型主要参数

参数名称	参数说明	取值范围
no-of-mines	地雷数量	1 ～ 50
no-of-detectors	探测器数量	1 ～ 16
no-of-cleaners	排雷机器人数量	1 ～ 10

3. 主要算法代码

运行过程。

```
to go
  if not any? mines [
    print (list "ticks used:" ticks)
    stop
  ]
  move-detectors                    ;;3.1 探测器移动
  move-cleaners                     ;;3.2 排雷机器人移动
  tick
end
```

3.1 探测器移动子过程，探测器四处移动，报告地雷的位置，它们要么跟踪一个已发现的地雷，要么寻找下一个地雷，然后告诉一个排雷机器人它在哪里，并标记为"已发现"。

```
to move-detectors
  ask detectors [
    ifelse status = "tracking" [              ;; 状态为跟踪
      ifelse distance target < 1 [
        let cleaner [name] of (one-of cleaners)
        send-msg cleaner (list ([xcor] of target) ([ycor] of target))
        ask target [set status "to-clean"]
        set status "looking"
      ] [                                     ;; 继续跟踪 keep tracking
        if target != nobody [
          face target
          fd 1
        ]
      ]
    ] [                                       ;; 否则探测器状态为 status = "looking"
      set target one-of mines with [status = "hidden"]
      if target != nobody [
        set status "tracking"                 ;; 标记探测器状态为"跟踪"
        ask target [set status "found"]       ;; 标记地雷状态为"已发现"
      ]
    ]
```

```
      ]
   end
```

3.2 排雷机器人移动子过程，排雷机器人被探测器告知有地雷，然后把它们取回并带回箱子，排雷机器人可以等待 / 取回 / 搬运。

```
to move-cleaners
   ask cleaners [
      ifelse status = "waiting" [            ;; 排雷机器人状态为等待
         if msg-waiting? [
            set status "fetching"
            let m get-msg
            let from item 0 m
            let msg  item 1 m
            set target-x   item 0 msg
            set target-y   item 1 msg
         ]
      ][
         ifelse status = "fetching" [        ;; 排雷机器人状态为取回，进展到一个探测的地雷
         ifelse distancexy target-x target-y < 1 [      ;; 捡起来，然后把它放到箱子里
            set carry-mine one-of mines with [(xcor = [target-x] of myself)
                  and (ycor = [target-y] of myself) and (status = "to-clean")]
            ask carry-mine [hide-turtle]
            set color cleaner-carrying-color
            set status "carrying"
         ] [                                 ;; 继续跟踪
            facexy target-x target-y
            fd 1
         ]
         ] [
            if status = "carrying" [          ;; 排雷机器人状态为运输，把地雷放在箱子里
            facexy bin-x bin-y
            fd 1
            if any? bins-here [
               ask carry-mine [die]
               set status "waiting"
               set color cleaner-normal-color
            ]
         ]
      ]
   ]
   ]
   end
```

4. 模型运行结果

实验参数取值如下：

地雷数量：no-of-mines= 30。

设置探测器数量：no-of-detectors=4。

设置排雷机器人数量：no-of-cleaners=3。

用于监测所进行实验的排雷机器人排雷数量随时间变化的变量如下：

miness-num：机器人排雷数量。

仿真过程和算法收敛过程如图 9.7 和图 9.8 所示。

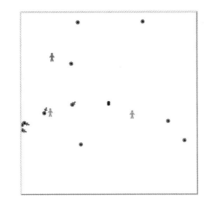

图 9.7　仿真过程

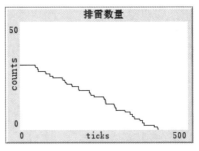

图 9.8　算法收敛过程

第 10 章　多智能体协调、合作和协商

本章导读

随着计算机网络和信息技术的发展，智能体技术得到了广泛应用。多智能体不仅具备自身的问题求解能力和行为目标，而且能够相互协作，来达到共同的整体目标。多智能体技术打破了人工智能领域仅仅使用一个专家系统的限制。在 MAS 环境中，各领域的不同专家可能协作求解某一个专家无法解决或无法很好解决的问题，提高了系统解决问题的能力。它的研究涉及如何使智能体采取协调行动解决问题等。研究者主要研究智能体之间的交互通信、协调合作、冲突消解等方面，强调多个智能体之间的紧密群体合作，而非个体能力的自治和发挥，主要说明如何分析、设计和集成多个智能体构成相互协作的系统，因此，能够解决现实中广泛存在的复杂的大规模问题。

本章简要介绍多智能体系统中的协调、合作和协商等基本技术及相关的模型。

本章关键词

协作；协调、合作和协商；BDI 模型

10.1　多智能体系统的协作机制研究

智能体作为计算机系统具有两种重要的能力。首先，每个智能体至少在某种程度上可以自治行动，由它们自己决定需要采取什么行动以实现设计目标。其次，每个智能体可以与其他智能体进行交互，这种交互不是简单地交换数据，而是参与某种社会行为，就如同我们在每天的生活中发生的状况：协调、合作和协商地完成任务。

10.1.1　多智能体协调

多智能体协调（Coordination）是指系统在执行工作任务的过程中，为了避免个体之间产生冲突，确保各个智能体的动作行为连贯进行，每个智能体在采取自身策略的同时，都必须顾及其他智能体的行为动作，从而避免出现重复工作保证高效率地完成任务。

在人类社会中，人与人的交互无处不在。人类交互一般在纯冲突和无冲突之间。同样，在开放、动态的多 Agent 环境下，具有不同目标的多个 Agent 必须对其目标、资源的使用进行协调。在出现资源冲突时，如没有很好的协调，MAS 就有可能出现死锁。协调是指一组 Agent 在完成一些集体活动时相互作用的性质。协调是对环境的适应。在这个环境中存在多个 Agent 并且都在执行某个动作。协调一般是改变 Agent 的意图。协调是由于其他 Agent 的意图存在。多 Agent 是以人类社会为范例进行研究的。

广义上的协调方式主要分为两种：显式协调机制和隐式协调机制。

1. 显式协调机制

显式协调机制是指智能体之间对于相互可能发生的矛盾和冲突进行的规划和协商。当智能体间的动作不一致或者决策出现冲突时，调用它来解决。当然这种协调机制需要有足够的时间来支持，在某些动态的环境下是不适当的。显示协调机制可以分为集中式协调、分布式协调和混合式协调三种。

（1）集中式协调。在多智能体系统中存在一个主控单元，其他所有的智能个体的行为都被这个主控单元所控制，由主控单元内部的规划机制详细规划出每个智能体的动作，保证各个智能体间的协调工作。这种方法体现出紧密的协调，但存在的缺点是：集中式协调是以剥夺智能体自主性为代价的；一旦局部出现异常，主控单元需要重新对各个智能体进行行为规划；而一旦主控单元出现故障，整个多智能体系统就会崩溃，鲁棒性差。

（2）分布式协调：多智能体系统中的各智能体处于平等地位，智能体间的协调可以通过各自内部的推理机制进行相互合作，将一个任务分解为若干子任务或者帮助其他智能体共同完成某个个体无法完成的子任务。这种方法的优点在于：计算量低，每个智能体只规划自己的行为和监视自己周围的环境；通信量少，只对相邻的智能体通信；适应性强，可以更好地对未知或动态环境做出决策；鲁棒性好，不依赖于某个规划系统。

（3）混合式协调。混合式协调是将集中式和分布式协调有机结合起来，系统的上层对下层只有部分的控制力，进行局部分层的控制，提高了系统的效率。现在大多采用这种协调方式进行系统控制。

2. 隐式协调机制

隐式协调机制不存在明确的规定，各个智能体的行为只以自己的任务和知识进行规划，而最终体现出多智能体协作的效果。这种规划行为可能导致大量的冲突（资源冲突、结果冲突和目标冲突），通过处理这些冲突，形成一个全局一致的规划行为。因而，对社会规则、惯例和标准成为隐式协调机制的主要研究内容。

（1）社会规则为多智能体系统提供了一种规则，各个智能体必须遵守，并且相信其他智能体也会遵守这种规则，从而实现整个系统的目标统一和多个智能体社会行为的协调。

（2）过滤策略是根据一定的原则，过滤掉多智能体之间行为不一致的选项，保留智能体规划动作中视为合理的相同的部分，从而达到多智能体间的协调。

10.1.2　多智能体合作

合作是通过智能体个体之间的控制方式和组织形式来实现的，指的是一个给定的任务如何分配给几个个体，即多个智能体如何组织分配去完成任务。

几个具有简单能力的智能体一起工作来完成单个智能体无法完成或难以完成的任务，或者用多智能体系统来改善智能体工作的性能或效率，就可以被称作多智能体合作（Cooperation）。在一些对于多智能体合作的研究中，对多智能体合作给出了如下定义：针对一个给定的任务目标，如果多智能体系统可以制定某些协作机制，使智能体系统的功能、效率得到增强和提高，则多智能体系统表现出合作行为。

虽然在很多情况下，单个 Agent 可以独立地解决某些特定的问题。但是，面对某些复杂问题时，必须依靠多个 Agent 共同工作。因此，合作是多 Agent 系统必须具备的能力，合作策略是分布式问题求解的必需技术。在下列情况下，多个 Agent 需要合作。

（1）一个 Agent 不能完成任务，Agent 需要向具有相关领域专家知识的其他 Agent 或以前有类似求解经验的 Agent 提出合作请求。在这个合作中，Agent 共享问题求解的能力和结果，这种合作属于结果共享。

（2）一个 Agent 缺少完成某一任务的信息，需要向拥有信息的 Agent 提出帮助请求。

（3）一个 Agent 只具有完成部分任务的能力，需要多个 Agent 联合动作来完成任务。

（4）尽管单个 Agent 可以单独解决问题而无须依赖其他 Agent，但通过多 Agent 的合作可以大大提高问题求解的效率和解的可信度。

单个 Agent 无法独立完成目标，需要其他 Agent 的帮助，这时就需要合作。在多 Agent 系统中，合作不仅能提高单个 Agent 以及多个 Agent 所形成系统的整体行为性能。增强 Agent 及多 Agent 系统解决问题的能力，还能使系统具有更好的灵活性。通过合作使多 Agent 系统能解决更多的实际问题，扩宽应用。

多智能体合作是一种特殊的协调，是多个智能体通过各自的协调行为来共同合作完成某个任务目标。它不仅能够提高多个智能体所形成的系统的整体行为和任务分配完成的效率，增强任务对于系统的可完成性，而且可以提高系统在动态环境的适应性和灵活性，使多智能体系统应用到更多的实际问题中去。

多智能体合作的关键在于：使智能体系统的工作效率提高；在控制机制、通信机制和交互过程中确立合作机制。下面对几种多智能体合作的研究方法做一下简单的介绍。

1. 协商和反应式方法

一个多智能体系统通常可以分为群体智能体和单体智能体两个方面进行分析。较早的对多智能体系统的研究方法主要是对单体智能体系统的借鉴，包括三种方法：反应式方法、规划方法和混合方法。

基于反应式的系统由多个独立的反应式智能体组成。这些个体根据自身能力，通过感知周围环境的变化和相互通信来完成工作任务。这种系统没有集中的主控单元，不需要通过全局通信，有较好的鲁棒性，但是通过局部交互行为难以对全局行为的整体效果进行把握。

在多智能体系统中应用规划方法，需要建立一个全局状态空间，包括每个智能体的状态和自身的能力。随着智能体个数增加，所建立的空间规模就会按照其增加的指数形式增长，所以只能在智能体数量较少的情况下使用。对于有较多智能体的系统，在线规划十分困难。此外，这种方法需要掌握智能个体与主控单元间的通信信息，当增加智能体的数量时，通信量也会随着急剧增加。

混合方法是反应式方法和规划方法的有效结合，其所对应的系统一般由反应式层和规划层组成。一般混合方法的规划层用于系统的高层，由全局规划器和各个机器自带的自处理模块共同体现群体行为。

2. 学习与进化方法

人们进行实验研究的主要灵感来源于自然界，许多算法都是模仿生物界的现象。自然界的高等动物通过学习和进化以更好地适应自身周围的环境。它们都是通过对周围环境的感知，然后做出一系列的决策和反应。近年来，随着对多智能体合作研究的深入，涌现出了许多关于智能体学习和人工进化的方法，形成了一些热门的新的研究方向——机器学习方法。

3. 分布式人工智能方法

多智能体系统研究的主要内容是：多个具有自治能力的智能体通过交互自组织行为的实验分析和理论研究，共同合作来完成多智能体系统的组织体系结构、多智能体系统的通信、多智能体系统的任务分配等。

4. 协调和合作的关系

多智能体系统的运行方式一般可以分为协调与合作两种，有时候也不加区分地统称"协作"。当一个多智能体系统给定一个任务时，首先面临的问题是如何组织多个智能体去完成任务，即多智能体之间怎样进行有效的合作。为某种机制确定了各自任务与关系后，问题又变为如何保持智能体间的运动协调一致，即多智能体协调。因此，多智能体的合作和协调是多智能体系统研究中的两个不同而又有联系的概念。前者研究高层的组织与运行机制问题，重点是如何通过系统高层快速组织和局部重构的控制机制问题；后者则是多智能体之间在合作关系确定之后，采取何种控制机制的问题。

在给定一个工作任务后，多智能体系统按照何种机制进行任务的分配，如何组织各智能体去有效地完成任务，即多智能体合作问题；在系统确定某种协作机制之后，会根据这种机制把任务合理地分配给每个智能体，并最终确定它们之间的工作关系，此时合作问题则转变成消除智能体目标的不一致性，维持智能体对任务目标的一致性问题，即多智能体协调问题。

10.1.3 多智能体协商

协商（Negotiation）在人类社会中起着至关重要的作用。当人们在共同协作完成工作任务的过程中出现冲突时，就会通过协商来消除这些冲突干扰，同样协商也是多智能体系统中进行协调合作的关键环节。Durfee给出了协商的定义，"协商是通过有序地进行相关信息交换，确立参与方共同观点或者共同计划的改进过程，也就是说参与任务的双方为了减少不一致性或者不确定性而达成目标一致性的过程"。在多智能体系统中，研究者一般使用协商机制来协调这些智能体的合作行为。

协商是个体之间实现协调合作的一种方法。它能够在任务规划的过程中解决各自任务目标的差异和个体对资源共享的冲突，也能在局部工作任务的执行过程中消除任务的不一致性等；计划改变时，协商也可以作为一种通信，解决在任务分配过程中出现的冲突。

在整个协商过程中，个体之间需反复地进行意见交流和相互建议。对于复杂的工作任务，系统必须考虑到多方面因素的影响：通信信息的完整性、协商期限和个体破坏合约的能力等。

10.1.4 多智能体协作的主要方法

多智能体协作是指各智能体之间相互配合一起工作。在多智能体系统中，智能体群体间的协作行为的协调度、任务规划的合理性、智能体群体组织的自适应性，都会影响系统的整体性能，所以都是多智能体系统研究的核心内容。

由于系统中的各智能体有着不同的局部目标和全局目标，这使得这些智能体在交互过程中体现出许多特性和复杂的协作关系。对一个任务目标来说，各智能体间的相互作用可能是有益的也可能是有害的。有益的相互作用是指各智能体进行积极的交互，对于共同任务目标完成有利；有害的相互作用是指各智能体间进行的相互作用不利于共同任务目标的完成。在一些多智能体系统中，某些智能体进行局部间的协作可以提高局部任务目标的完成效率，但是对整体的全局任务目标无益，甚至有可能降低系统的任务目标的完成效率。

多Agent通过协作完成一个复杂任务的过程中需要一些规则或机制对其行为或动作进行约束，避免出现冲突，确保协作过程的顺利进行。典型的协作机制包括合同网机制、结构共享机制、市场机制、协商机制等。但是随着系统规模和复杂度的增加，经典的协作机制已无法有效地指导 Agent 间的协作，因此，在经典协作机制的基础上又研究出了许多新的协作机制，如带有学习的协作机制、基于协进的协作机制、基于理性推理的协作机制等等。

一般来说，当某个 Agent 相信通信协作能带来好处（如提高效率、完成以往单独无法完成的任务）时，会产生协作的愿望，进而寻求协作伙伴；或者当多个 Agent 在交流过程中，发现它们可以通过协作实现更大的目标时，可能组成联盟，并采取协作性的行动。因此，Agent 协作的过程可分为 6 个步骤：①产生需求，确定目标；②协作规划、求解协作结构；③寻求协作伙伴；④选择协作方案；⑤实现目标；⑥评估结果。

由于多智能体系统结构的不同，接受的任务目标和处理方法也不一样，国内外相关领域出现了不少研究方法。这些方法的特点都是思想简单，对实际问题具有可变通形式和可改进形式。以下介绍几种协作方法。

1. 合同网模型

合同网是最著名且应用最广泛的一种协作方法，其思想来源于人类社会中相互交易过程中的合同机制。

在合同网的协作过程中，无须对个体的角色进行事先的规定，发送任务通知书的个体称为管理者（Manager）；接受任务通知书的个体称为工作者（Worker）。这种分配方式能够将任务分层次分解，每一个发布的任务由接受通知的个体承担并完成。如图 10.1 所示，其基本思想是：当管理者有任务需要其他节点帮忙时，它就向其他节点广播有关该任务信息（即发出任务通告或招标），接到招标的节点则检查自己能否解决该问题，然后发出自己的投标值并使自己成为投标者，最后由管理者评估这些投标值并选择最合适的中标者授予任务，即按照市场中的招标－投标－中标机制来完成各节点间的协商过程。当该个体无法完成该任务的时候就会将任务分解，将子任务通知发布出去变成管理者；然后通过对竞标者返回的投标的比较，找出合适的工作者并与其建立合同把任务分发下去。

这种方法的优势是当某个工作者无法顺利完成指定任务时，此任务的管理者可以通过其他工作者对问题重新进行求解；其缺陷在于工作者不能得知管理者是否已经建立合同，管理者也无法得知所建立的合同是否为最优解。

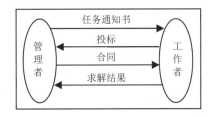

图 10.1 合同网方法的基本工作过程

2. 黑板模型

黑板模型最早是由 Newell 提出的，应用于智能体系统。黑板模型的基本原理：黑板作为一个资源和任务发布的平台，多个专家在求解任务目标的过程中都可以"看到"黑板；所有的专家通过看黑板上的问题和初始的数据，利用自己本身的经验来寻求任务求解的机会；当某个专家发现自身的能力可以求解问题时，就将求解结果的过程发布到黑板上；其他专家可以利用新的信息提高自己的求解能力并继续工作；重复上述步骤直到任务目标最终完成。

黑板模型主要包括知识源（Knowledge Source）、黑板和监控机构三个部分，其工作过程如图 10.2 所示。

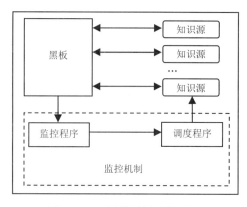

图 10.2　黑板模型的工作原理

知识源：按照各自拥有的知识特点和能力分为相对独立且具有个性的智能体，这些智能体（专家）就被称为知识源。这些知识源都可以不借助外力，单独完成指定的任务或某个特定范围内的工作任务。

黑板：实现资源共享和求解过程的平台。其主要用于存放初始数据、部分解和最终解这些知识源求解问题的相关信息和自身数据。知识源在求解的过程中不断地修改黑板，它们之间的通信和数据的交换是通过黑板来完成的。

监控机构：按照某种特定的控制机制，根据黑板上问题的求解情况和知识源自身的能力，选择有能力的知识源进行求解，使知识源更具实时性。

3．联盟

多智能体系统中，当单个智能体无法完成某一任务时，会与网络内其他智能体通过合作的方式形成联盟共同完成该任务。智能体通过形成联盟来执行个体无法完成的任务，提高了任务成功完成的概率和执行的效率。然而，联盟形成方式的不同直接影响着任务的执行效率。因此，联盟形成机制的设计是联盟形成的一个本质问题，受到了学术界的广泛关注。在联盟形成机制研究方面，部分学者通过采用博弈论方法来形成不同的多智能体联盟，主要是根据博弈论中的 shaply 值、核、核心等概念，通过收益分配的稳定和合理来达到联盟形成的目的。还有一些学者通过任务分配这一手段进行联盟形成的研究，包括多智能体多任务分配、多智能体单任务分配、单智能体多任务分配、单智能体单任务分配等。

4．市场机制

市场机制的基本思想是尽可能地减少各智能体在协调过程中的直接通信，来解决一些资源分配的特定问题。在该方法中，所有智能体将在解决任务目标中为所能用到的东西（技能、资源、能力等）赋予一定的竞标价。这种方法的系统只包括生产者和消费者两种智能体：生产者，把一种商品转化成另一种商品并提供一定的服务；消费者，可以交互现有商品。在市场中的商品都有自己一定的价格，其他智能体为了获取最大的利益对商品进行不同价格的投标。

在利用市场机制解决问题的同时，需要对一些特定的东西给予说明：

（1）市场中需要交换的商品。

（2）参与交换商品的消费个体。

（3）靠自己能力和资源转化商品的生产者。

（4）智能体的投标行为和相互的贸易行为。

由于在一个市场体制中的所有商品的价格具有联动性，每个商品的价格浮动都会影响到其他智能体的供应和需求，在一段时间的波动后市场中的价格将达到平衡。在开放的市场中，每个智能体不需要按照特定的规则去投标，可以自由地进行贸易策略的选择。这种市场机制的特点是：使用方法简单，人类社会的市场规则、策略以及规律都可以用来做参考经验，适用于大量自私智能体间的协调贸易活动。

10.2　机器人合作铺路问题

机器人合作铺路问题

1. 问题背景

机器人（智能体）找到铺路石板并用它们来建造一条小路。铺路石板有三种颜色（红、绿、蓝），一开始就分散在环境各地（图 10.3）。这条路是按照严格的顺序铺设的，先是红，后是绿，然后是蓝。

机器人可以是 4 种状态中的一种：

seeking（寻求）：四处走动，寻找下一种颜色的新铺路板。

carrying（携带）：搬运铺路板到路的起点 (0,0)。

waiting（等待）：在路径的开始处等待，直到需要它们的颜色作为下一个扩展路径的板。

paving（铺路）：沿着小路向前行走，想把它们的石板铺在尽头。请注意，如果另一个机器人先选择了这种颜色，它们就会再次选择携带状态。例如，如果两个红色机器人在路径上行走时，当第一个机器人放下它的红色石板时，第二个机器人就会走回路径的起点再次等待。

图 10.3　初始场景

因此，当一个机器人拾取到当前确定为下一个要收集的颜色后，它就会向其他机器人广播一个信息，告诉它们这个颜色（下一个要收集的颜色）已经改变了。在小路上铺上彩色石板时，也有类似的活动。

2. 模型设计

（1）设计机器人智能体 robot 及其属性，机器人属性定义如下：

```
robots-own  [
    status                          ;; 4 种状态 seeking、carrying、waiting or paving
    slab-color                      ;; 要查找的下一块铺路板（paving slab）的颜色
    path-color                      ;; 铺设在道路上的下一块板（next slab）的颜色
]
```

（2）环境设计。

定义环境的地块 patches 属性如下：

```
patches-own [on-path                    ;; 如果 patch 构成了路径的一部分，则为真 ]
```

初始化场景如下：

setup-globals——设置全局变量。设置默认的 robot 颜色，设置机器人能看到的距离。

setup-patches——设置场景。生成每一种颜色石板并随机放置在环境世界中。

setup-robots——初始化机器人，注册机器人消息中心。

（3）设计主要算法。

3.1 move-seeking——寻找下一种颜色的石板。

3.2 move-carrying——移动搬运。

3.3 move-paving——等待。

3.4 move-paving——移动铺路。

（4）模型主要参数设计（表 10-1）。

表 10-1　模型主要参数表

参数名称	参数说明	取值范围
num-slabs-of-each-color	每种颜色铺路板数量	1 ~ 12
num-robots	个体 Agent 数量	1 ~ 8

3. 主要算法代码

主要的运行过程：移动机器人过程，执行适当的行动。

```
to go
  ask robots [
    if msg-waiting? [                         ;; 检查是否有等待的消息
      let m get-msg                           ;; 如果是这样，解构它，处理它
      let from item 0 m
      let msg  item 1 m
      let key  item 0 msg                      ;; 取出消息的第 0 项为 key
      if (key = "color") [ set slab-color  item 1 msg ]
      if (key = "path") [ set path-color  item 1 msg ]
    ]
    if (status = "seeking") [ move-seeking  ]   ;;3.1 寻找下一种颜色的石板
    if (status = "carrying") [ move-carrying ]  ;;3.2 移动搬运
    if (status = "waiting") [ move-waiting ]    ;;3.3 等待
    if (status = "paving") [ move-paving ]      ;;3.4 移动铺路
  ]
  move-robots                                  ;; 移动机器人
  tick
end
```

3.1 寻找下一种颜色的石板子过程。

如果机器人在所需颜色的石板上且石板不是路径的一部分，拿起石板。

设定机器人所携带的石板的颜色，改变它的状态，告诉其他机器人寻找下一个颜色。

```
to move-seeking
  ifelse (pcolor = slab-color) and ([on-path] of patch-here = false)[
    set pcolor black
```

```
    set color  slab-color            ;; 设定机器人所携带的石板的颜色
    set status "carrying"            ;; 改变它的状态，告诉其他机器人寻找下一个颜色
    broadcast robots (list "color" table:get next-color slab-color)
  ] [                                ;; 否则移动
    let p (one-of patches in-radius scan-dist
      with [pcolor = ([slab-color] of myself) and on-path = false ])
    ifelse (p != nobody)[            ;; 寻找合适的石板，如果 p 不空
      face p
      forward 1
    ][;; 否则
      right 45 - random 90
      forward 1
    ]
  ]
end
```

3.2 移动搬运子过程。

```
to move-carrying
  ifelse (distancexy 0 0 < 1)  [     ;; 到达了小路的起点 arrived at start of path
    setxy 0 0                        ;; 为了克服舍入误差
    facexy 1 0                       ;; 面对道路
    set status "waiting"             ;; 改变状态
  ][                                 ;; 否则，未到达小路的起点
    facexy 0 0                       ;; 在开始的时候
    forward 1                        ;; 走向小路的起点
  ]
end
```

3.3 等待子过程，如果机器人在等待合适的颜色的石板，则开始铺平道路。

```
to move-waiting
  if (path-color = color) [
    set status "paving" ]
end
```

3.4 移动铺路子过程，铺下一种颜色的石板。

```
to move-paving
  ifelse (path-color != color) [     ;; 如果路径颜色已经改变
    set status "carrying"
  ] [                                ;; 回到路径的起点
    ifelse (pcolor = black) [        ;; 在小路的尽头
      set pcolor color               ;; 放下石板，告诉其他机器人铺下一种颜色的石板
      broadcast ants (list "path" table:get next-color color)
      set color seeking-color
      set status "seeking"           ;; 然后再开始寻找
      ask patch-here [set on-path true]  ;; 新铺的石板是道路的一部分
    ][
      forward 1                      ;; 不在终点的路，往上走
    ]
  ]
end
```

4. 模型运行结果

实验参数取值如下：

每种颜色铺路板数量：num-slabs-of-each-color = 9。

个体 Agent 数量：num-robots = 8。

用于监测所进行实验的机器人任务完成人数随时间变化的变量如下：

rockets-num：机器人任务完成人数。

仿真过程和算法收敛过程如图 10.4 和图 10.5 所示。

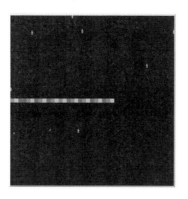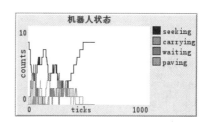

图 10.4　仿真过程　　　　　　　　　　图 10.5　算法收敛过程

机器人的组行为和协调

10.3　机器人的组行为和协调

1. 问题背景

此模型检查基于消息传递的组行为和协调。模型描述了觅食蚂蚁的行为，但这种行为也适用于时尚、模因等。

环境中含有食物地点（白色，patch）。

蚂蚁在环境中四处游荡试图寻找食物（蚂蚁状态 = "搜索"）。

当它们找到食物时，就会停下来吃东西（状态 = "进食"）。在进食时，它们有时会向其他蚂蚁之一发送包含它们的位置（食物的位置）的信息。

如果蚂蚁在"搜索"时收到信息，它们会将状态改为"跟随"，然后前往给出信息的位置。状态为"跟随"或"进食"的蚂蚁会忽略这些信息。

食物 patches 包含的食物量是有限的。在每个循环中，任何一只蚂蚁都能吃下一个单位的食物。当一小块食物吃完后，一小块食物又恢复到正常的（空的）一小块。

当更多的蚂蚁聚集在一个 patch 上时，它会显示为一个圆圈（黑色和蓝色的环）——圆圈的大小与 patch 上蚂蚁的数量成正比。

蚂蚁的状态是下列之一：

寻找——寻找食物。

跟随——移动到消息中确定的位置。

进食——食用。

2. 模型设计

（1）设计模型智能体 ants 和圆圈智能体 blobs 及其属性。ants 属性如下：

```
ants-own [
  status                    ;; 搜寻 / 跟踪 / 进食（searching/following/feeding）
```

```
      target-x                         ;; 它们想要的食物的 xcorr
      target-y                         ;; 它们想要的食物 ycor
      name
]
```

（2）环境设计。

设置地块 patches 属性：

```
patches-own [pfood]                    ;; 食物地块上剩下的食物量
```

初始化场景：

setup-globals——设置全局变量，设置食物颜色为白色。

setup-patches——设置场景，环境中含有场景颜色、食物地点、食物颜色和食物量。

setup-ants——初始化蚂蚁，为 ants 智能体创建名为 name 的消息队列。

（3）算法设计。

3.1 move-ants——蚂蚁的移动。

3.2 check-patches——检查每个食物源。

（4）模型参数设计（表 10-2）。

表 10-2　模型主要参数表

参数名称	参数说明	取值范围
num-of-ants	蚂蚁数量	0 ～ 500
food-prob	任何 patch 被设置为食物 patch 的概率是 1：food prob	0 ～ 1000
phone-a-friend-prob	一个正在进食的蚂蚁在任何移动的时候都会向其他蚂蚁发送一条信息的概率是 1/phone-a-friend-prob	0 ～ 20
food-volume	在每个 patch 上（最初）提供的食物量	0 ～ 2000

3.　主要算法代码

运行过程，蚂蚁在环境中四处游荡试图寻找食物（蚂蚁状态＝"搜索"）。当它们找到食物时，就会停下来吃东西（状态＝"进食"）。在进食时，它们有时会向其他蚂蚁之一发送包含它们的位置（食物的位置）的信息。

```
to go
    move-ants                         ;;3.1 蚂蚁的移动
    check-patches                     ;;3.2 检查每个食物源
    tick
end
```

3.1 蚂蚁的移动子过程。

```
to move-ants
  ask ants [
    move-by-status                    ;;3.1.1 根据状态来移动
    while [ msg-waiting? ] [           ;; 如果消息仍在等待
      let m get-msg
    ]
  ]
end
```

3.1.1 根据状态来移动 2 级子过程，使用状态设置来选择所需的移动过程。

```
to move-by-status
    let dummy runresult (word "move-" status "-" breed)
end
```

3.1.1.1 移动搜索 3 级子过程,蚂蚁状态为搜索。如果发现食物,则移动到食物处并进食。如果蚂蚁在"搜索"时收到信息,它们会将状态改为"跟随",然后前往给出信息的位置。状态为"跟随"或"进食"的蚂蚁会忽略这些信息。

```
to-report move-searching-ants
    if [pcolor] of patch-here = food-color [      ;; 发现食物
        move-to patch-here                        ;; 移动到食物处
        set status "feeding"                      ;; 设置状态为进食
        report true
    ]
    if msg-waiting? [                             ;; 收到食物信息 msg
        set status "following"                   ;; 设置状态为跟随
        let m get-msg
        let from item 0 m                        ;; 取出消息的第一项为源
        let msg  item 1 m                        ;; 取出消息的第二项为目的地
        set target-x  item 0 msg                 ;; 前往给出信息的位置
        set target-y  item 1 msg
        report true
    ]
    rt 45 - random 90                            ;; 否则继续搜索
    fd 1
    report true
end
```

3.1.1.2 移动进食 3 级子过程,蚂蚁移动时停下来吃东西。进食状态蚂蚁的移动,当它们找到食物时,就会停下来吃东西,否则,没有食物了,则改变状态为"搜索"。在进食时,它们有时会向其他蚂蚁之一发送包含它们的位置(食物的位置)的信息。

```
to-report move-feeding-ants
    ifelse [pfood] of patch-here > 0 [           ;; 还有食物
        ask patch-here [
            set pfood (pfood - 1)                ;; 食物量减少 1
        ]
        if random phone-a-friend-prob = 0 [
            let friend [name] of (one-of other ants)
            send-msg friend (list xcor ycor)     ;; 向其他蚂蚁之一发送包含它们的位置的信息
        ]
    ] [                                          ;; 否则,没有食物了
        set status "searching"                   ;; 设置状态为"搜索"
        ask patch-here [
            reset-food-patch                     ;; 重置食物颜色和食物量
        ]
    ]
    report true
end
```

3.1.1.3 移动跟随 3 级子过程,跟随状态蚂蚁的移动。找到食物,设置状态为"进食";

没有找到食物，则面向目的地前行。

```
to-report move-following-ants
  ifelse (xcor = target-x and ycor = target-y) or [pcolor] of patch-here = food-color [
    set status "feeding"              ;; 找到食物，设置状态为"进食"
  ] [                                ;; 没有找到食物
    facexy target-x target-y
    fd 1
    move-to patch-here
  ]
  report true
end
```

3.2 检查每个食物源子过程。

```
to check-patches
  ask patches with [pcolor = food-color][    ;; 对于食物源
    let n count ants-here                    ;; 统计此处的 ants 个数 n
    if n != 0 [                              ;; 如果 n 不为 0
      let w n / 10
      ifelse any? blobs-here [               ;; 如果此处有 blobs
        ask blobs-here [
          set size w                         ;; 设置此处的 blobs 大小为 W
        ]
      ] [
        sprout-blobs 1 [                     ;; 创建一个圆圈
          setup-blob-at-patch                ;;3.2.1 在 patch 处设置圆圈形状和颜色
          set size w                         ;; 在 patch 处设置圆圈大小 w
        ]
      ]
    ]
  ]
end
```

3.2.1 在 patch 处设置圆圈形状和颜色 2 级子过程，当更多的蚂蚁聚集在一个 patch 上时，它会显示为一个圆圈（黑色和蓝色的环），圆圈的大小与 patch 上蚂蚁的数量成正比。

```
to setup-blob-at-patch
  set shape "circle 2"
  set color blue
end
```

4. 模型运行结果

实验参数取值如下：

蚂蚁数量：num-of-ants = 28。

食物 patch 的概率是 1：food prob = 1/250。

发送一条信息的概率：1/phone-a-friend-prob = 1/8。

每个 patch 提供的食物量 food-volume = 1500。

用于监测所进行实验的蚂蚁状态随时间变化的变量如下：

following：状态为跟随。

searching：状态为搜索。

feeding：状态为进食。

blobs：蓝色圆圈个数为食物密度。

仿真过程和算法收敛过程如图 10.6 ~ 图 10.8 所示。

图 10.6　仿真过程

图 10.7　蚂蚁状态

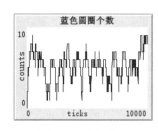

图 10.8　食物密度

无人驾驶出租车协商运输
BDI 模型

10.4　无人驾驶出租车协商运输 BDI 模型

1. 问题背景

出租车交通场景是关于出租车将位于一个城市的不同位置的乘客运送到机场。这个想法很简单也很普遍，需要搭车去当地机场的乘客会随机出现在城市区域。"随机"一词既指乘客出现在城市的时间，也指乘客出现在城市的地点。代理控制着出租车，它们的任务是接乘客并把乘客转到机场。

显然，上述问题可以很容易地通过以下两种方式来解决：一种是反应性代理（它们随机地在城市中四处开车寻找乘客），另一种是 BDI 代理（它们使用协议来协调交通）。

另外，可视化包括创建一个简单城市的鸟瞰图，并允许代理在这个城市中移动。必须解决的第一个问题是如何建模一个简单的多智能体场景，以模拟城市中的出租车交通。可在反应性架构的基础上构建混合架构，并结合代理通信问题和交互协议。

乘客出现在随机的地点和时间，并启动一个合同网（Contract Net），以找到最近的出租车。

出租车只能在预定的车道上行驶，避免发生碰撞。这是由出租车代理的反应层控制的。

一旦乘客代理出现在仿真环境中，它就会启动一个契约（Contract Net）网络协议来定位最近的出租车。乘客最初的颜色是黄色。当乘客成功地找到一辆出租车被运送到机场时，它的颜色变成了绿色。

出租车收到原始的 cfp，并向发起人乘客报告它们的位置。在接受了建议后，它们制定了一个接乘客并把乘客送到机场的规划。

通过在距离机场最近的区域上移动，就可以实现与机场的连接。这个距离存储在 patch-own distance-airport 变量中。

这种情况是这样的：每个乘客都可以向所有出租车广播自己的转运请求，而出租车反过来可以对请求做出否定或肯定的答复，在后面的情况下，还可以报告它们与呼叫乘客的距离。因此，在这种情况下，出租车和乘客都是代理。

乘客被建模为固定和通信的 BDI 代理，顶层的持久意图是"找一辆出租车"。

由于出租车必须在高度动态的环境中行驶，即在其他出租车密集的街道上行驶，并安全驶往机场，被建模为混合代理。下层负责紧急行动，如避免与其他出租车相撞，保持出租车在街道范围内，而上层负责消息交换、合作和规划生成。

NetLogo 平台非常适合快速创建这样的环境。首先，可以为每个方格定义一组变量，允许对复杂环境进行建模。此外，由于海龟可以检查方格变量，因此开发代理的传感器非常方便。设置环境包括以下两个问题：

- 模拟街道，即一组允许代理驾驶的方格。这个决定是引入一个 patch 特定的可变道路，如果 patch 属于道路，那么它的值是 1；如果 patch 属于路口，那么它的值是 2；否则为 0。
- 提供关于方格和机场登机口之间距离的信息。这在反应性代理的情况下是有用的，因为后者仅依赖本地信息来导航到机场。解决方案包括引入一个地块变量 distance-airport，该变量表示方格到机场的曼哈顿距离。

环境由 NetLogo 代码生成，包括如上所述所需的变量赋值。出租车、乘客、大门、街道及路口均以彩色编码，以便即时向使用者提供系统的状况（图 10.9）。

图 10.9 场景环境中的实体

2. 模型设计

（1）智能体设计。

创建 people、taxis、airports、people-arrived 和 crashes 5 种智能体。

智能体 people、taxis 属性如下：

```
people-own [beliefs intentions incoming-queue]
taxis-own [onboard beliefs intentions incoming-queue]
```

智能体 airports、people-arrived 和 crashes 的属性采用系统默认属性。

（2）环境设计。

定义 patches 如下：

```
patches-own [distance-airport road street-name]
```

初始化环境场景：

setup-globals——设置全局变量，包括车上人数、到达人数和滞留人数。

setup-streets——初始化街道。设置街道，即灰色区域，并为道路地块变量设置一个适当的值。如果是车道，道路变量为 1；如果是交叉路口，道路变量为 2。

setup-taxis——初始化出租车。创建出租车，把出租车放置在街道上的可用位置。

setup-airport——初始化机场。创建机场，并把它放在中心。它可以放置在任何地方。

label-patches——设置距离制导。为了让出租车找到返回机场的路，街道上的每一地块，都将其曼哈顿距离存储在地块自己的一个变量 distance-airport 中。这有助于引导出租车前往机场。

（3）算法设计。

3.1 create-passengers-probability——创建乘客。

3.2 taxi-behaviour——出租车行为。

3.3 people-behaviour——乘客行为。

3.4 crash-control——检查出租车是否撞车。

3.5 visualization-sugar——乘客向机场中心移动。

（4）参数设计（表 10-3）。

表 10-3 模型主要参数表

参数名称	参数说明	取值范围
No-of-Taxis	出租车数量	0～100
Passengers	乘客人数	0～100
Probability-to-turn	转弯概率，定义 Agent 决定在路口转弯的概率	0～100
speed	代理移动速度	0～2
cfp-deadline	CFP 截止日期，CFP 在合同网上的截止日期	0～100

3. 主要算法代码

进行实验，直到没有更多的乘客为止。要求出租车执行它们的反应行为，根据概率在街道上任意创建一个乘客。这就给出了一个模型，其中乘客会在不同的执行时间出现。

```
to run-experiment
    if passengers-left <= 0 and passengers-on-taxis <= 0 and not any? people [stop]
    create-passengers-probability        ;;3.1 创建乘客
        ask taxis [taxi-behaviour]        ;;3.2 出租车行为
    ask people [people-behaviour]         ;;3.3 乘客行为
    if crash-control? [
        crash-control                     ;;3.4 检查出租车是否撞车
    ]
    visualization-sugar                   ;;3.5 乘客向机场中心移动
    tick
end
```

3.2 出租车行为子过程。

代理行为编码为反应性规则，每次运行时只执行一个规则。

出租车是混合型代理，因为不管代理遵循的总体规划是什么，它们都需要对紧急情况立即做出响应。同时，如果没有紧急情况出现，则允许控制转到更高的级别。简单的混合架构可以在 NetLogo 中轻松实现，如下面的代码所示：

```
to taxi-behaviour
    if detect-taxi [turn-away stop]        ;; 从反应部分开始
```

```
if detect-street-edge-left [rt 5 stop]
if detect-street-edge-right [lt 5 stop]
;; 反应层由三个实现冲突避免的规则组成
;; 如果任何规则正确，则控制不会继续执行意图 BDI 库过程（该过程运行代理的主动层）
;; 反应 - 主动层交互
;; 如果一切顺利，从意图开始运行
execute-intentions
end
```

反应层由三个实现冲突避免的规则组成。如果任何规则正确，则控制不会继续执行意图 BDI 库过程，该过程"运行"代理的主动层。因此，尽管与混合代理（red hybrid）的结构和模型相比，上面的方法过于简单，但它的目的是向学生演示设计此类系统所涉及的问题和概念，特别是可能的反应 - 主动层交互。

在下面的代码中，顶层意图 find-a-taxi 被进一步细化为三个较低层的意图：

```
;; 规划找一辆出租车
to find-a-taxi
    set color yellow add-intention
    "evaluate-proposals-and-send-replies""true" add-intention
    "collect-proposals" timeout_expired cfp-deadline
    add-intention "send-cfp-to-agents""true"
end
```

请注意，add-intention 调用将一个意图添加到堆栈中，并且该意图将一直持续到其条件为真为止。add-intention 过程的第一个参数是与 NetLogo 用户定义过程相对应的意图的名称，第二个参数是每个持久性检查条件。

消息库允许实现合作协议所需的所有消息交换。例如，下列代码会向参与该方案的所有出租车发出征召建议：

```
to send-cfp-to-agents
    broadcast-to taxisadd-content(list "taxi needed" my-coordinates)create-message "cfp"
end
```

出租车代理是用顶层的持久意图"侦听消息"进行初始化的，该意图从未从意图堆栈中删除。下面的代码摘录显示了代理在采用特定意图时的行为。

```
to listen-to-messages
    let msg 0
    let performative 0
    while [not empty? incoming-queue] [
        set msg get-message
        set performative get-performative msg
        if performative = "cfp" [evaluate-and-reply-cfp msg]
        if performative = "accept-proposal" [plan-to-pickup-passenger msg stop]
        if performative = "reject-proposal"[do-nothing]
    ]
end
```

上面的代码中有两个有趣的地方。第一个问题涉及消息处理：代理可以通过求助于消息交换库的原语，轻松地检查 FIPA 的表现形式，比如接收到的消息，并采取适当的操作。例如，在这个特定的例子中，get- performation 原语用于提取接收到的消息的 performation。第二个问题是关于代理规划的复杂性，通过以下的 plan-to-pickup-passenger 程序可以更好地说明这个问题。

```
to plan-to-pickup-passenger [msg]          ;; 代理形成一个接载乘客到机场的规划
    let coords item 1 get-content msg
    let pass_no item 2 get-content msg
    let junction select-close-junction-point coords
    add-intention "drop-passenger""true"
    add-intention "carry-passenger-to-airport""reached-airport" add-intention
        (word "check-passenger-onboard" pass_no)"true"
    add-intention(word "pick-up-passenger " pass_no) "true"
    add-intention (word "move-to-dest " coords)(word "at-dest " coords)
    add-intention (word "move-to-dest" junction)(word "at-dest " junction)
end
```

通过执行这一程序，代理形成一个接载乘客到机场的规划。该规划包括导航步骤，将出租车代理移动到乘客位置（首先移动到离乘客路口最近的地方，然后移动到乘客位置），接乘客并检查乘客是否上车，将乘客带到机场，直到到达机场，最后放下乘客。

请注意，与前面一样，有针对意图消除的持久性条件形式的检查点（代理承诺将乘客运送到机场，直到其到达机场为止），但也有更详细的检查点，在这些检查点中，代理可以修改其意图集。

在这种情况下，如果代理未能成功地搭载该乘客，则必须删除规划的其余步骤，即其意图，并以适当的"失败"消息通知呼叫乘客

```
to check-passenger-onboard [pass_no]      ;; 检查乘客在车上
ifelse onboard > 0[do-nothing]
  [remove-intention(list "carry-passenger-to-airport""reached-airport")
   remove-intention(list "drop-passenger""true")
   send add-content"sorry, I could not find you"
   add-receiver pass_no create-message "failure"
  ]
end
```

4. 模型运行结果

下面介绍一组运行实验的过程和完整的 GUI 环境。GUI 控件允许用户设置城市中出租车的总数、速度、控制随机移动的参数，以及实验中出现的乘客总数。这里实施了若干指标和监测，包括：多 Agent 系统完成任务所需的仿真时间（ticks）、出租车之间或出租车到街道边缘的碰撞次数、已抵达机场、正在等候出租车或正在乘搭出租车的乘客人数，以及根据实验设置的在模拟中出现的乘客人数。

实验参数取值如下：

出租车数量：No-of-Taxis = 15。

乘客人数：Passengers = 18。

转弯概率：Probability-to-turn = 5。

代理移动速度：speed = 0.2。

CFP 截止日期：cfp-deadline = 15。

用于监测所进行实验的车辆任务完成数随时间变化的变量如下：

passengers-arrived：到达目的地乘客数。

passengers-on-taxis：乘坐出租车的乘客。

passengers-left：剩余乘客数。

仿真过程和算法收敛过程如图 10.10 ～图 10.13 所示。

图 10.10　仿真过程

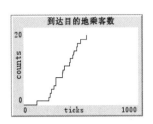

图 10.11　任务完成

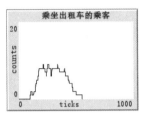

图 10.12　任务执行

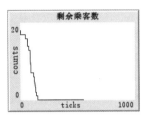

图 10.13　算法收敛性

5．模型扩展

通过使用 BDI 库，我们还可以实现不同的承诺策略和规划修改技术。使场景更复杂的机会是很多的，可能的变化包括：

- 引进两种类型的出租车代理，一种是在城市里开车接乘客，另一种是呼叫出租车代理。这个扩展增加了一点复杂性，因为乘客可以取消请求，所以需要更复杂的交互协议。

- 引入一个呼叫中心，让乘客将他们的请求导向一个单点，该单点将通过重新启动一个合同网络协议来分配出租车。如果有更多的呼叫中心和各自的出租车代理团队竞争，这个扩展会变得更有趣。

- 允许出租车智能体在前往机场的路上搭载一名以上的乘客（希腊的出租车转运方案），从而引发了一些问题，如机会主义规划等。

- 通过为更接近现实的街道（街道名称、街道编号等）、单向街道等引入寻址方案，增加环境的复杂性，从而使智能体的规划过程需要更复杂的技术。

未来的扩展包括许多问题。我们的首要目标之一是增强与消息传递和意图相关的调试功能。目前，用户可以通过查看相应的 Agent 变量来查看每个参与实验的 Agent 的意图，但是这种方式是非常有限的。一个解决方案可能是同时导出意图和消息，适当地加盖时间戳（使用标记），并提供一些信息 / 可视化工具来方便调试。

参考文献

[1] RUSSELL, S J, NORVIG P. Artificial intelligence: a modern approach[M]. New York: Pearson Education Limited, 2011.

[2] HOLLAND, J H. Hidden Order: How Adaptation Builds Complexity[J]. Leonardo, 1995, 29(3).

[3] HOLLAND, J H. Signals and boundaries: building blocks for complex adaptive systems[M]. Massachusetts: MIT Press, 2014.

[4] MINSKY M. The Emotion Machine: Commonsense Thinking, Artificial Intelligence, and the Future of the Human Mind[M]. New York: SIMON & SCHUSTER, 2007.

[5] YANN L C. Learning World Models: the Next Step towards AI[C]. IJCAI Key Note Speech, 2018.

[6] LUGER G F. Artificial intelligence: structures and strategies for complex problem solving (6th Edition)[M]. 6th ed. New Jersey: Addison-Wesley,2008.

[7] RUSSEL S K,NORVIG P. Artificial Intelligence: A Modern Approach[M]. 2nd ed. Upper Suddle River: Prentice Hall,2002.

[8] THEODORIDIS S,KOUTROUMBAS K. Pattern Recognition[M]. 2nd ed. Pittsburgh: Academic Press,2008.

[9] HUTTER M. Universal Artificial Intelligence:Sequential Decisions based on Algorithmic Probability[M]. New York: Springer,2005.

[10] Wilensky,U. (1999). Netlogo. http://ccl.northwestern.edu/Netlogo/. Center for Connected Learning and Computer-Based Modeling,Northwestern University,Evanston,IL.

[11] JIANG L B,ZHAO C X.The Netlogo-Based Dynamic Model for the Teaching[C],9th International Conference on Hybrid Intelligent Systems (HIS 2009), August 12-14, 2009, Shenyang, China. IEEE, 2009.

[12] Parpinelli R S, Lopes H S. New inspirations in swarm intelligence: a survey[J]. International Journal of Bio-Inspired Computation, 2011, 3(1):1-16.

[13] KANMANI, N, KAYARVIZHY R, UTHARIARAJ R V. ANN Models Optimized using Swarm Intelligence Algorithms[J]. WSEAS Transactions on Computers, 2014, 13(Pt.2):501-519.

[14] MARTENS D, BACKER M D, HAESEN R, et al. Classification With Ant Colony Optimization[J]. IEEE Transactions on Evolutionary Computation, 2007, 11(5):651-665.

[15] 李宏亮. 基于 Agent 的复杂系统分布仿真 [D]. 长沙：国防科技大学，2001.

[16] GRIMM V, RAILSBACK SF. Individual-based modeling and ecology[M]. Princeton (NJ):Princeton University Press, 2005.

[17] GRIMM, V, REVILLA E, BERGER U, et al. Pattern-Oriented Modeling of Agent-Based Complex Systems: Lessons from Ecology.[J]. Science, 2005, 310(5750):987-991.

[18] ROPELLA G E. Software Engineering Considerations For Individual-Based Models[J].

Natural Resource Modeling, 2010, 15(1).

[19] LUKE S, CIOFFI-REVILLA C, PANAIT L, et al. MASON: A multiagent simulation environment[J]. Operations Research, 2006, 46(4):433-434.

[20] GINOT V, PAGE C L, SOUISSI S. A multi-agents architecture to enhance end-user individual-based modelling[J]. Ecological Modelling, 2002, 157(1):23-41.

[21] GILBERT N, BANKES S. Platforms and methods for agent-based modeling[J]. Proceedings of the National Academy of Sciences, 2002, 99 Suppl 3(Supplement 3):7197-7198.

[22] BOWER J, BUNN D W, et al. Model-Based Comparisons of Pool and Bilateral Markets for Electricity.[J]. Energy Journal, 2000.

[23] HASHEM K, MIODUSER D. The Contribution of Learning by Modeling (LbM) to Students' Understanding of Complexity Concepts[J]. International Journal of e-Education e-Business e-Management and e-Learning, 2011, 1(2):151-155.

[24] HASHEM K, MIODUSER D. The Contribution of Agent Based Modeling to Students Evolving Understanding of Complexity[J]. Research on Chemical Intermediates, 2012.

[25] COUZIN I D, KRAUSE J, JAMES R, et al. Collective memory and spatial sorting in animal groups.[J]. Journal of Theoretical Biology, 2002, 218(1):1-11.

[26] MAYNE A J. Some Further Results in the Theory of Pedestrians and Road Traffic[J]. Biometrika,1954, 41(3/4): 375-389.

[27] REYNOLDS C W. Flocks, Herds and Schools: A Distributed Behavioral Model[J]. SIGGRAPH Comput. Graph., 1987, 21(4): 25-34.

[28] OKAZAKI S, MATSUSHITA S. A Study of Simulation Model for Pedestrian Movement[C].in Architectural Space, Part 3: Along the Shortest Path, Taking Fire, Congestion and Unrecognized Space into Account, Transactions of Architectural Institute of Japan. 1979: 284.

[29] HELBING D,MOLNAR P.Social force model for pedestriandy namics[J].Physicalre view E,1995,51(5): 4282.

[30] LIN H. Spacecraft formation flying: Dynamics and control.[D]. Toron to: York University, 2009.

[31] SHENG W H, YANG Q Y, TAN J D, et al. Distributed Multi-robot Coordination in Area Exporation[J]. Robotics and Autonomous Systems.2006, 54(12):945-955.

[32] WEIGEL T, GUTMANN J S, DIETL M, et al. Coordinating Robots for Successful Soccer Playing[J]. IEEE Transactions on Robotics & Automation, 2002, 18(5):685-699.

[33] BONABEAU E,THERAULAZ G,DENEUBOURG J L, et al. Self-organization in social insects, Trends in Ecology and Evolution[J]. Ethology Ecology & Evolution, 1997, 12:188-193.

[34] VARELA F J, BOURGINE P. Toward a practice of autonomous systems : proceedings of the first European Conference on Artificial Life[M]. Massachusetts: MIT Press, 1992.

[35] AHMED H, GLASGOW J. Swarm Intelligence: Concepts, Models and Applications[C]. Queen's University, School of Computing Technical Reports. 2012.

[36] CORNE D W, REYNOLDS A, BONABEAU E. Swarm Intelligence, in Handbook of Natural Computing[M]. Berlin, Heidelberg: Springer Berlin Heidelberg, 2012.

[37] COLORNI A, DORIGO M, MANIEZZO V. Distributed Optimization by Ant Colonies[C]// Proceedings of ECAL91 - European Conference on Artificial Life. 1991.

[38] DENEUBOURG J L, ARON S, GOSS S, et al. The Self-Organizing Exploratory Pattern of the Argentine Ant[J]. Journal of Insect Behavior, 1990, 3(2):159.

[39] DORIGO M, BONABEAU E W, THERAULAZ G. Ant algorithms and stigmergy[J]. Future Generation Computer Systems, 2000.

[40] DU K L, SWAMY M. Search and Optimization by Metaheuristics || Swarm Intelligence[J]. 2016, 10.1007/978-3-319-41192-7(Chapter 15):237-263.

[41] KUBE C R, BONABEAU E. Cooperative Transport By Ants and Robots[J]. 1999.

[42] HSIAO Y T, CHUANG C L, CHIEN C C. Ant colony optimization for best path planning[C]// IEEE International Symposium on Communications & Information Technology. IEEE, 2004.5.

[43] DORIGO M,BLUM C. Ant colony optimization theory: A survey[J]. Theoretical Computer Science,2005,344(2-3):243-278.

[44] DORIGO M. Swarm Intelligence, Ant Algorithms and Ant Colony Optimization[J]. Journal of Applied Operational Research, 2001.

[45] THERAULAZ G, BONABEAU E. A Brief History of Stigmergy[J]. Artificial Life, 1999, 5(2):97-116.

[46] JIMENEZ-ROMERO C, SOUSA-RODRIGUES D, JOHNSON J H, et al. A Model for Foraging Ants, Controlled by Spiking Neural Networks and Double Pheromones[J]. Quantitative Biology, 2015.

[47] GOSS S, ARON S, DE NEUBOURG J L, et al. Self-organized shortcuts in the Argentine Ant[J]. The Science of Nature, 1989, 76(12):579-581.

[48] BAJPAI A, YADAV R. Ant Colony Optimization ACO For The Traveling Salesman Problem TSP Using Partitioning[J]. International Journal of Scientific & Technology Research, 2015,4(8).

[49] LAM W H K, LEE J Y S, CHEUNG C Y. A study of the bi-directional pedestrian flow characteristics at Hong Kong signalized crosswalk facilities[J]. Transportation, 2002, 29(2):169-192.

[50] HENDERSON L F, LYONS D J. Sexual Differences in Human Crowd Motion[J]. Nature, 1972, 240(5380):353-354.

[51] HELBING D. A Fluid Dynamic Model for the Movement of Pedestrians[J]. Complex Systems, 1998,6(5)391-414.

[52] 戴晓亚. 出口引导设置对人员疏散效率影响的研究 [D]. 北京：中国矿业大学，2017.

[53] 穆娜娜，史聪灵，胥旋，等. 地铁站台导流栏杆对人员疏散的影响研究 [J]. 中国安全生产科学技术，2018，14（12）：175-179.

[54] 唐飞，何清，朱孔金，等. 火灾情况下某城市地铁换乘站内大规模人群疏散特征研究 [J]. 安全与环境学报，2018，18（04）：1419-1426.

[55] VISWANTHAN V, CHONG E L, LESS M H, et al.Quantitative Comparison Between Crowd Models for Evacuation Planning and Evaluation[J]. Physics of Condensed Matter,2014,87(2):27.

[56] FRUIN J J. Pedestrian planning and design[M].New York: Metro polit an Association of Urban Designers and Environmental Planners Inc, 1971.

[57] HELBING D, ISOBE M, NAGATANI T, et al. Lattice gas simulation of experimentally studied evacuation dynamics[J]. Physical review E, 2003, 67(6): 067101.

[58] BUCKLES B P, PETRY F E, KUESTER R L. Schema survival rates and heuristic search in genetic algorithms[C]// Tools for Artificial Intelligence, 1990. Proceedings of the 2nd International IEEE Conference on. IEEE, 1990.

[59] RAY S S, BANDYOPADHYAY S, PAL S K. New operators of genetic algorithms for traveling salesman problem[C]// International Conference on Pattern Recognition. IEEE, 2004.

[60] AL-DULAIMI B F, ALI H A. Object Oriented Methodology for Component Based Software Architectures[J]. International Journal of ACM Jordan, 2010.

[61] AHMED Z H. Genetic Algorithm for the Traveling Salesman Problem using Sequential Constructive Crossover Operator[J]. International Journal of Biometric & Bioinformatics, 2010, 3(6).

[62] HOLLAND J H. Adaptation in Nature and Artificial Systems[M]. Massachusetts: MIT Press,1992.

[63] 周明，孙树栋. 遗传算法原理及应用 [M]. 北京：国防工业出版社，1999.

[64] DavisL D. Handbook of Genetic Algorithms[M]. Van Nostrand Reinhold, 1991.

[65] 席裕庚，柴天佑，恽为民. 遗传算法综述 [J]. 控制理论与应用，1996，13（6）：697-708.

[66] 刘勇. 非数值并行算法（二）一遗传算法 [M]. 北京：科学出版社，1995.

[67] 陈国良：遗传算法及其应用 [M]. 北京：人民邮电出版社，1996.

[68] AHMED Z H. Genetic Algorithm for the Traveling Salesman Problem using Sequential Constructive Crossover Operator[J]. International Journal of Biometric & Bioinformatics, 2010, 3(6).

[69] CHUDASAMA C, SHAH S M, PANCHAL M, et al. Comparison of parents selection methods of genetic algorithm for TSP. 2011.

[70] BUCKLES B P, PETRY F E, KUESTER R L. Schema survival rates and heuristic search in genetic algorithms[C]// Tools for Artificial Intelligence, 1990. Proceedings of the 2nd International IEEE Conference on. IEEE, 1990.

[71] RAY S S, BANDYOPADHYAY S, PAL S K. New operators of genetic algorithms for traveling salesman problem[C]// International Conference on Pattern Recognition. IEEE, 2004.

[72] ALT H A. Enhanced Traveling Salesman Problem Solving by Genetic Algorithm Technique (TSPGA) [J]. Proceedings World Academy of Science, Engineering and Technology, 2008, 38.

[73] AHMED Z H. Genetic Algorithm for the Traveling Salesman Problem Using Sequential Constructive Crossover Operator[J]. International Journal of Biometrics & Bioinformatics, 2010,3(6):96-105.

[74] 李少保，赵春晓. 基于多 Agent 遗传算法求解迷宫游戏 [J]. 北京建筑工程学院学报，2011（03）：39-43.

[75] PARUNAK H. An introduction to agent-based modeling: modeling natural, social, and engineered complex systems with NetLogo[J]. Computing Reviews, 2015, 56(9):538-538.

[76] NOVAK M, WILENSKY U. Netlogo Bacteria Food Hunt model. http://ccl.northwestern.

edu/Netlogo/models/Bacteria Food Hunt. Center for Connected Learning and Computer-Based Modeling, Northwestern University, Evanston, IL.

[77] NOVAK M, WILENSKY U. Netlogo Bacteria Hunt Speeds model. http://ccl. northwestern.edu/Netlogo/models/Bacteria Hunt Speeds. Center for Connected Learning and Computer-Based Modeling, Northwestern University, Evanston, IL.

[78] AN G. Dynamic knowledge representation using agent-based modeling: ontology instantiation and verification of conceptual models[J]. Methods in Molecular Biology, 2009,500(1):445-468.

[79] DANESHFAR F, RAVANJAMJAH J, MANSOORI F, et al. Adaptive Fuzzy Urban Traffic Flow Control Using a Cooperative Multi-Agent System based on Two Stage Fuzzy Clustering[C]// IEEE Vehicular Technology Conference. IEEE, 2009.

[80] JAMSHIDNEJAD A, MAHJOOB M J. Traffic simulation of an urban network system using agent-based modeling[C]// 2011 IEEE Colloquium on Humanities, Science and Engineering. IEEE, 2011.

[81] HEWAGE K N, RUWANPURA J Y. Optimization of Traffic Signal Light Timing Using Simulation[C]// Simulation Conference, 2004. Proceedings of the 2004 Winter. IEEE, 2004.

[82] SLAGER G, MILANO M. Urban traffic control system using self-organization. In Intelligent Transportation Systems (ITSC)[C], 2010 13th International IEEE Conference on,255-260. IEEE, (2010).

[83] JETTO, K, EZ-ZAHRAOUY H, BENYOUSSEF A. The effect of the heterogeneity on the traffic flow behavior[J]. International Journal of Modern Physics C, 2010, 21(11): 1311-1327.

[84] GUPTA A K. Analyses of the driver's anticipation effect in a new lattice hydrodynamic traffic flow model with passing[J]. Nonlinear Dynamics, 2014, 76(2):1001-1011.

[85] LI X G, JIA B, RUI J. The Effect of Lane-Changing Time on the Dynamics of Traffic Flow[C]// Complex Sciences, First International Conference, Complex, Shanghai, China, February, Revised Papers. DBLP, 2009.

[86] ZHAO J, QI L. A method for modelling drivers' behavior rules in agent-based traffic simulation[C]// IEEE, 2010.

[87] 陈鸣凤. 基于认知科学的归纳逻辑理论发展及应用 [D]. 重庆：西南大学，2016.

[88] 沈宇，王晓，韩双双，等. 代理技术 Agent 在智能车辆与驾驶中的应用现状 [J]. 指挥与控制学报，2019，5（2）：6.

[89] AXELROD R, TESFATSION L. A Guide for Newcomers to Agent-Based Modelling in the Social Sciences[J]. Staff General Research Papers Archive, 2006, 2(5):1647-1659.

[90] AXELROD R. Advancing the Art of Simulation in the Social Sciences(Agent-based Approach: Toward a New Paradigm of Management Informatics)[J]. Journal of the Japan Society for Management Information, 2003, 12:3-16.

[91] CHRISTOPHER J. Q-learning[J]. Machine Learning, 1992, 3.

[92] PARK K H, KIM Y J, KIM J H. Modular Q-learning based multi-agent cooperation for robot soccer[J]. Robotics & Autonomous Systems, 2001, 35(2):109-122.

[93] PETCU A. A Class of Algorithms for Distributed Constraint Optimization: Volume 194

Frontiers in Artificial Intelligence and Applications[M]. IOS Press, 2009.

[94] SULTANIK E A, LASS R N, REGLI W C. DCOPolis: A Framework for Simulating and Deploying Distributed Constraint Optimization Algorithms[J]. Proceedings of the Distributed Constraint Reasoning Workshop, 2008.

[95] ZHI Y, FABRESSE L, LAVAL J, et al. Team Size Optimization for Multi-robot Exploration[C]// Springer-Verlag New York, Inc. 2014.

[96] FIORETTO F, LE T, YEOH W, et al. Improving DPOP with Branch Consistency for Solving Distributed Constraint Optimization Problems[C]// International Conference on Principles & Practice of Constraint Programming. Springer, Cham, 2014.

[97] KOEHLER M, TIVNAN B, UPTON S. Clustered Computing with Netlogo and Repast J: Beyond Chewing Gum and Duct Tape[C]// Proceedings of the Agent 2005 conference, Chicago, IL, 2005.

[98] MEISELS A. Distributed Search by Constrained Agents:Algorithms,Performance, Communication[C]// Intelligent Distributed Computing V-international Symposium on Intelligent Distributed Computing-idc. DBLP, 2011.

[99] MODI P J, SHEN W M, TAMBE M, et al. Adopt: asynchronous distributed constraint optimization with quality guarantees[J]. Artificial Intelligence, 2005,161(1-2):149-180.

[100] BROOKS R A. Intelligence without representation[C]// Elsevier Science Publishers Ltd. PUB550Essex, UK, 1991.

[101] TOOFANI S, HAGHIGHAT A T. Energy Efficient Static Clustering Algorithm for Maximizing Continues Working Time of Wireless Sensor Networks[J]. Advances in Computer Science An International Journal, 2015, 4(1).

[102] SADOUQ Z A, MABROUK M E, ESSAAIDI M. Conserving energy in WSN through clustering and power control. IEEE, 2015.

[103] VINAYAK S, APTE M. Real Time Monitoring of Agri-Parameters using WSN for Precision Agriculture.

[104] HUSSAIN R. Application of WSN in Rural Development, Agriculture Water Management[J]. International Journal of Soft Computing & Engineering, 2012, 2(5).

[105] MAT I, KASSIM M, HARUN A N. Precision irrigation performance measurement using wireless sensor network[C]// International Conference on Ubiquitous & Future Networks. IEEE, 2014.

[106] JAGTAP S P, SHELKE S D. Wireless Automatic Irrigation System Based On WSN and GSM[J]. IOSR Journal of Electronics and Communication Engineering, 2014, 9(6):13-17.

[107] BABIS M, MAGULA P. NetLogo ― An alternative way of simulating mobile ad hoc networks[C]// Wireless & Mobile Networking Conference. IEEE, 2013.

[108] BATOOL K, NIAZI M A, SADIK S, et al. Towards modeling complex wireless sensor networks using agents and networks: A systematic approach[C]// Tencon IEEE Region 10 Conference. IEEE, 2015.

[109] BARABASI A L, ALBERT R. Albert, R.: Emergence of Scaling in Random Networks. Science 286, 509-512[J]. Science, 1999, 286(5439):509-512.

[110] SIOUTIS M, CONDOTTA J F. Tackling Large Qualitative Spatial Networks of Scale-Free-Like Structure[C]// Hellenic Conference on Artificial Intelligence. Springer, Cham, 2014.

[111] BESSIERE C, MAESTRE A, BRITO I, et al. Asynchronous Backtracking Without Adding Links: A New Member in the ABT Family[J]. Artificial Intelligence, 2005.

[112] DONIEC A, BOURAQADI N, DEFOORT M, et al. Distributed Constraint Reasoning Applied to Multi-robot Exploration[C]// IEEE International Conference on Tools with Artificial Intelligence. IEEE, 2009..

[113] GRUBSHTEIN A, HERSCHHORN N, NETZER A, et al. The Distributed Constraints (DisCo) Simulation Tool[C]// Proceedings of the IJCAI11 Workshop on Distributed Constraint Reasoning(DCR11), pages 30-42, Barcelona, 2011.

[114] 丁宁，赵春晓，高路，等. 校园无线移动模型的研究 [J]. 计算机应用与软件，2009，026（004）：37-39，64.

[115] BORDINI R H, DASTANI M, WINIKOFF M. Current Issues in Multi-Agent Systems Development[C]// International Workshop on Engineering Societies in the Agents World. Springer, Berlin, Heidelberg, 2006.

[116] BEER M, FASLI M, RICHARDS D, et al. Multi-Agent Systems for Education and Interactive Entertainment[J]. express shipping, 2011.

[117] SAKELLARIOU P,KEFALAS, STAMATOPOULOU I. MAS coursework design in NetLogo[C]// Proceedings of the International Workshop on the Educational Uses of Multi-Agent Systems (EDUMAS'09), pages 47-54, 2009.

[118] BEER M D, HILL R. Teaching multi-agent systems in a UK new university[C]// In Proceedings of 1st AAMAS Workshop on Teaching Multi-Agent Systems, 2004.

[119] BEER M D, HILL R. Multi-agent systems and the wider artificial intelligence computing curriculum[C]// In Proceedings of the 1st UK Workshop on Artificial Intelligence in Education, 2005.

[120] BORDINI R H. A recent experience in teaching multi-agent systems using Jason[C]// In Proceedings of the 2nd AAMAS Workshop on Teaching Multi-Agent Systems, 2005.

[121] FASLI M, MICHALAKOPOULOS M. Designing and Implementing e-Market Games[C]// IEEE Symposium on Computational Intelligence & Games. IEEE, 2008.

[122] MELZER E. Foundation for intelligent physical agents, fipa. agent communication language[J]. 2013.

[123] MANAGEMENT F. FIPA Agent Management Specification. Foundation For Intelligent Physical Agents. 2004.

[124] GEORGE M, LANSKY A. Reactive Reasoning and Planing: An Experiments With a Mobile Robot. 1987.